# 无核葡萄胚挽救
# 抗逆种质创新研究

纪 薇 著

中国农业出版社
北 京

图书在版编目（CIP）数据

无核葡萄胚挽救抗逆种质创新研究 / 纪薇著．—北京：中国农业出版社，2018.11
ISBN 978-7-109-25048-2

Ⅰ．①无… Ⅱ．①纪 Ⅲ．①葡萄－遗传育种－研究 Ⅳ．①S663.1

中国版本图书馆 CIP 数据核字（2018）第 272085 号

中国农业出版社出版
地址：北京市朝阳区麦子店街 18 号楼
邮编：100125
责任编辑：王玉英
版式设计：杜 然 责任校对：吴丽婷
印刷：北京大汉方圆数字文化传媒有限公司
版次：2018 年 11 月第 1 版
印次：2018 年 11 月北京第 1 次印刷
发行：新华书店北京发行所
开本：850mm×1168mm 1/32
印张：6.5 插页：4
字数：170 千字
定价：30.00 元

# 前　　言

葡萄是世界四大水果之一，无核葡萄品种更是饱受消费者青睐，是当前国际葡萄生产和消费的发展方向和趋势。因此，加快培育优质无核葡萄新品种的进程，提高无核葡萄育种效率，是全球葡萄育种工作者的共同目标之一。无籽性对于葡萄栽培及果实品质来说，是一个优良特征，但种胚早期败育或退化对葡萄杂交育种却是极大的阻碍。直到1982年Ramming等首次用改良White培养基通过无核葡萄胚珠获得了2株实生苗以来，无核葡萄胚挽救技术在全球的发展方兴未艾。胚挽救技术的发展和应用，不仅实现了直接以无核葡萄品种作为母本的杂交方式，也有效克服了不同倍性亲本葡萄杂交果实中胚的败育，从而将无核葡萄育种周期缩短了6～8年，节省了育种成本。近年来，随着分子生物学技术的迅速发展，科学家们又将分子标记辅助育种（Marker-assisted selection，MAS）和流式细胞术（Flow cytometry，FCM）应用于无核葡萄的选育过程中，实现了对杂交后代目标性状的早期选择，进一步缩短了育种周期，后代无核比率也得到了很大的提高。作者自2008年开始，在无核葡萄胚挽救技术体系完善、优良遗传种质利用与创新领域进行了大量研究。为了适应国际葡萄产业发展和市场需求，实现科研成果到生产力的转化，笔者系统总结了多年来的科研成果，撰写了该著作。

本书是以笔者主持完成的"基于胚挽救技术的无核抗寒葡萄畸形苗发生机制及其种质创新"（国家自然科学基金，

No. 31401834)、"利用胚挽救技术进行无核抗病葡萄种质创新"（山西农业大学 2013 年引进人才博士科研启动基金，No. 2013YJ22)、"山西特色无核抗白粉病葡萄种质创新"（山西省高等学校科技创新项目，No. 2016153）等项目，以及现主持进行的"三倍体无核抗寒葡萄种质创制与应用"（山西省重点研发计划项目，No. 201703D221014-4）等项目研究成果的基础上撰写而成。

　　课题的申报和实施得到了西北农林科技大学王跃进教授、徐炎教授、王西平教授、张朝红教授、张宗勤副教授、刘雅丽教授、梁宗锁教授、王俊儒教授、郭满才教授，山西农业大学邢国明教授、科技处杨万仓处长等的指导和帮助；项目的实施过程，得到了山西省农业科学院果树研究所马小河研究员、唐晓萍研究员、赵旗峰副研究员、董志刚副研究员、王敏助理研究员，山西农业大学王跃进教授、姚延梼教授、温鹏飞教授、高美英副教授、杨忠义副教授、牛铁荃副教授、马金虎副教授、张鹏飞副教授、王鹏飞副教授、赵清副教授等的指导和帮助，山西农业大学园艺学院侯雷平院长、张润宏书记、代武平站长及其他领导的关怀和支持，课题组的研究生罗尧幸、郭荣荣、李雪雪、王静波、韩瑶、赵伟、焦晓博、周璇等同学进行了大量的辛勤工作；书稿的撰写过程中，研究生刘榕晨、王晨晨、郭雯岩、庞富强、李戌彦、杜宜洋、徐雅兰等同学做了文稿的排版与校对工作，在此表示衷心的感谢！

　　由于作者水平有限，书中难免存在疏漏和不足，恳请读者和广大专家学者提出宝贵意见或建议！

纪　薇

2018 年 10 月

# 目　　录

# 第一章　无核葡萄概述

## 一、无核葡萄的来源

### （一）葡萄的起源

葡萄（*Vitis* spp.）是葡萄科葡萄属植物，分为真葡萄亚属（*Euvitis* Planch.）（$2n=38$）和圆叶葡萄亚属（*Muscadinia* Planch.）（$2n=40$），是世界最古老的落叶藤本植物之一，其与苹果、香蕉、柑橘被列为闻名世界的"四大水果"。葡萄在人们心目中，是"果中明珠"，享有如此美誉，是因为多少年来其出类拔萃的特异风味惠及人类。据古生物学家考证，在新生代第三纪地层内就发现了葡萄叶和种子的化石，证明了距今 647 万年前就已经有了葡萄，它是与称为活化石的银杏同时代诞生的（卢诚等，2009）。葡萄最初起源于地中海东岸，以及小亚细亚、南高加索等地区，主要涵盖叙利亚、土耳其、格鲁吉亚、亚美尼亚、伊朗等国家（陈习刚，2009）。全世界所有葡萄种都来源于同一野生种的祖先，但由于大陆分离和冰川的影响，使其分隔生长于不同的地区，进而经过长期的自然选择，葡萄种之间表现出明显的差别，形成了欧亚种群、美洲种群和东亚种群三大种群（温鹏飞，2008）。

### （二）栽培葡萄发展史

**1. 世界栽培葡萄发展史**　世界葡萄品种达 8 000 个以上，按用途可分为鲜食、酿酒、制干和其他加工品种，以及砧木品种，但其中只有少数的种直接应用于栽培生产。据史料记载，欧洲葡萄是人类栽培驯化最早的果树之一，其栽培开始于公元前 5000—前 7000 年。之后，随着罗马帝国的扩张和基督教的传播，葡萄栽培迅速发展，时至今日，葡萄基本遍布全世界各国。多数历史学家认为波斯（即今日伊朗）是最早酿造葡萄酒的国家。

**2. 中国栽培葡萄发展史** 我国葡萄栽培历史悠久，有关葡萄的最早文字记载见于《诗·王风·葛藟》："绵绵葛藟，在河之浒。终远兄弟，谓他人父。谓他人父，亦莫我顾"。古称其为蒲桃、蒲陶、蒲萄，今天的吐鲁番葡萄，是当年的大宛良种繁衍而来的。据《史记·大宛列传》记载，汉代张骞出使西域时将中国的丝绸带入西方，同时将葡萄栽培及葡萄酒酿造技术引进内地（杨承时，2003）。另据《诗·豳风·七月》记载，"六月食郁及薁，七月亨葵及菽。八月剥枣，十月获稻，为此春酒，以介眉寿"。因此，早在殷商时代我国已存在野生葡萄。另有《周礼·地官司徒》记载，"场人，掌国人之场圃，而树之果、珍异之物，以时敛而藏之"。这进一步表明，在周朝时代我国劳动人民就有了栽培的葡萄园。

此外，北宋文豪苏轼从官被贬后，作诗《谢张太守送蒲桃》："冷官门户日萧条，亲旧音书半寂寥。惟有太原张县令，年年专遣关蒲桃"。这表明，当时的山西就已经广泛种植葡萄。再有马可波罗的《中国游记》描述"太原府王国"时，记载："太原府园的都城，其名也叫太原府，那里有好多葡萄园，制造很多的酒，这里是契丹省唯一产酒的地方，酒是从这地方贩运到全省各地的"。这进一步力证了山西作为我国葡萄历史主产区的地位。

**（三）无核葡萄的类型**

贺普超（1999）按照种子的发育程度，将葡萄分为有核葡萄和无核葡萄两种类型，并认为我国的无核葡萄主要集中在气候极端的新疆吐鲁番地区。根据无核葡萄授粉结实特性，Stout（1936）又将其分为两类，一类称为"单性结实型（Partheno-carpy）"，即不经过受精作用而直接发育成果实，如科林斯系品种，花型在形态上为两性花，花粉正常可育，胚囊发育有缺陷或者退化，不能正常受精，花粉管穿过花柱进入子房后，释放出生长激素而刺激子房膨大形成无核小果实，这种类型在其他无核水

果中也是比较常见的一种现象；另一类称为"假单性结实型
（Pseudo-parthenocarpy）"或"种子败育型（Stenospermo-
carpy）"，即经过正常授粉和受精作用后，合子胚发育过程中败
育而不形成正常的种子，仅存在不影响口感的"种痕"（Seed
trace）（Pommer，1995），这种类型形成的无核果比单性结实的
无核果要大，多数无核葡萄都属于这种类型。

### （四）无核葡萄的成因

**1. 无核葡萄成因辟谣科普**　从食用方便的角度出发，无核
葡萄品种广受消费者青睐。但是，网络流传有"无核葡萄都是避
孕药处理的，吃多了对人体有害，尤其是孩子吃了会导致性早熟、
不孕不育"的说法，还有疑似水果商贩和果农对话的视频为证，
视频中的果农言之凿凿地认同了这样的观点，并表示作为果农的
自己从来都不吃无核葡萄。那么，无核葡萄还能放心吃吗？真相
到底如何呢？我们来了解一下无核葡萄究竟是怎么产生的吧。

首先，很多欧亚种的葡萄本身就是无核品种。也就是说，此
类葡萄通过正常栽种，结出来的葡萄浆果天生就是无核的。

其次，葡萄栽培过程中，可能会通过喷施植物生长调节剂的
方法，以拉长穗形或膨大果实等。而喷施一定浓度的赤霉素，就
会达到"有核葡萄无核化"的效果，如此，本来有核的葡萄品种
就会结出无核的葡萄果实。

再次，葡萄育种学者们通过将不同倍性的葡萄进行杂交，培
育出三倍体葡萄。这种方法培育的葡萄种子在生长过程中会发生
自然败育现象，所以三倍体葡萄品种的果实也是无核葡萄。

最后，大自然的奇妙造就了葡萄的无核芽变现象。有时一株
生长正常的葡萄藤上，偶发自然突变，本来有核品种的葡萄树竟
然结出了无核的果实，于是葡萄果农或育种学者们将突变的无核
性状通过扦插、嫁接等无性繁殖的方法进行固定和扩繁，也可以
产生新的无核葡萄品系。

综上所述，我们现在可以回答这个问题了，无核葡萄是通过

避孕药生产的吗？这显然是无稽之谈。从科学角度分析，在葡萄生长发育过程中的开花结实阶段，从雌配子体发育到有性生殖过程完成的任何一个阶段出现障碍，就会形成无核的果实。迄今为止，关于无核葡萄的成因，流传着以下各种假说：单隐性说（Constantinescu et al.，1975；Dudnik and Moliver，1976；Roytchev，1998）；复杂隐性基因说（Loomis and Weinberger，1979；Weinberger and Harmon，1964）；单个显性基因说（Stout，1937）；两个互补显性基因说（Bozhimova-Boneva，1978）；三个显性基因独立遗传且互补学说（Ledbetter and Burgos，1994）；一显性基因调节三独立互补隐性基因说（Bouquet and Danglot，1980，1996）；一调节基因和四互补的显性基因协同调控说（Yamane，1997）和数量性状说（Cabezas et al.，2006；Golodriga et al.，1986；Sandhu et al.，1984；Striem et al.，1992，1994，1996）。

当今世界上已经存在的无核葡萄品种的无核性状主要来源于'无核白''无核紫''黑科林斯'或'阿里克斯'（Ledbetter and Ramming，1989；刘崇怀，2003）。刘小宁等（2005）的试验结果表明，'Flame seedless'葡萄胚败育的细胞学特征为：①授粉、受精不良导致胚囊腔中空；②内、外珠被和珠孔发育异常，影响了花粉管向胚珠内的伸长，导致受精率下降；③部分受精后的胚珠，由于胚乳核不分裂或分裂异常，无法向合子提供生长发育所需的营养，导致合子无法进行正常分裂；④胚乳前期发育正常，但中途退化，胚缺乏营养致使其发育中止和败育，他们认为胚乳前期发育正常，但中途退化，胚缺乏营养致使其发育中止和败育。王飞等（2004）认为胚败育可归纳为授粉受精不良、胚乳提前解体、合子胚发育不良及胚囊发育异常等4个原因。但是，同时也有'Thomson seedless'无核植株上着生有核芽变的报道（Hanania et al.，2007）。Hanania et al.（2007）将无核葡萄与有核葡萄差异表达的叶绿体伴侣蛋白基因21（ch-Cpn21）转入番茄和烟草，使其沉默后，番茄和烟草种子不育，说明此基因对种子的发育形成有重要作用。在无核白花发育过程中，泛素扩展蛋白基因 S27a，在其心皮和子房中表达量明显高于无核白有核芽变。该基因的过量表达会导致植株再生异常和茎的发育受抑，而且将其在胚性愈伤组织中沉默，会诱导细胞坏死和愈伤组织死亡。Hanania et al.（2009）推测 S27a 在无核白花器中的心皮和珠被中过量表达，可能阻碍了这些器官的正常发育，造成葡萄胚败育无核。

但是，关于有核品种与无核品种杂交后代中无核葡萄概率偏少，无核品种间杂交或自交后代中有核葡萄的产生，以及诸如芽变现象，上述几种葡萄无核遗传的假说都难以做出圆满的解释。所以，关于无核葡萄的真正成因，目前还未有确切的结论，还有待科学工作者的深入探讨和研究。

## 2. 无核葡萄胚败育生理生化因子灰色关联分析

（1）材料与方法

①试材及取样。选取种子败育型无核葡萄品种'无核翠宝'和'丽红宝'为试材，以有核葡萄品种'赤霞珠'作为对照，于2017年5月份，盛花期后（Day after full bloom，DAF）20～60d，上午9：00左右，每隔4d采集葡萄果实置于冰盒中，迅速带回实验室，将胚珠和果肉剥离后，一部分进行形态学指标测定，一部分即刻液氮速冻后，－80℃保存，用于后续生理指标的测定。所有材料均取自山西农业科学院果树研究所葡萄国家种质资源圃（E112°32′，N37°23′，海拔833m±4m），室内试验在山西农业大学园艺学院实验室和果树种质创制和利用山西省重点实验室进行。

②不同类型葡萄发育过程中形态学指标测定。随机选取10粒葡萄果实，用SI-234万分之一天平称其总质量，并计算单粒质量，用GB/T 21389游标卡尺测量果粒横径、纵径，计算果粒体积；随后，剥离胚珠，统计10粒果实中的胚珠总数和畸形胚珠数（体积明显偏小或胚珠发育不对称）；同时，随机选取30粒胚珠，称重并计算胚珠单粒重，测量胚珠横径、纵径，计算胚珠体积（胡

子有，2018）。

③不同类型葡萄发育过程中生理指标测定。丙二醛含量的测定参考赵浩暖等（2016）的方法，略有改动，0.5％硫代巴比妥酸溶液进行显色反应；可溶性糖含量和可溶性蛋白含量的测定参考王丽丽等（2017）的方法，略有改动，样品中加入5mL 80％乙醇提取可溶性糖提取液；SOD、POD、CAT活性的测定参考王海波等（2016）的方法进行测定。

④数据分析。各处理均设3组重复，利用 Excel 10.0 和 SPSS 21.0 进行数据统计和分析，GraphPad Prism 5.0 作图。对各指标测定结果进行相关性分析和主成分分析，对葡萄生理指标和胚败育关联程度做灰色关联分析（李桂荣等，2018）。关联系数计算：

$$\xi_{i(k)} = \frac{\min\Delta_i(k) + \rho\max\Delta_i(k)}{\Delta_i(k) + \rho\max\Delta_i(k)}$$

式中，$\min\Delta_i(k)$、$\max\Delta_i(k)$ 分别为所有比较数列绝对差值的最小值和最大值，本研究中 $\min\Delta_i(k)$ 为 0、$\max\Delta_i(k)$ 为 0.98；$\Delta_i(k)$ 为第 $i$ 个比较数列绝对差值；$\rho$ 为分辨系数，$0 < \rho < 1$，通常取 0.5。

关联度 $\gamma_i = \frac{1}{N}\sum_{k=1}^{N}\xi_i(k)$，$\gamma_i$ 为第 $i$ 个比较数列与参考数列的等权关联度，$N$ 为样本个数。

（2）结果与分析

①不同品种葡萄发育过程中果实与胚珠的重量变化。随着果实发育，3个参试葡萄品种浆果重量均呈持续上升的趋势（图1）。其中，'无核翠宝'呈现"快—慢—快"的趋势，'丽红宝'呈双"S"曲线。而胚珠重量在两个无核葡萄品种中呈现单峰曲线，且均在 DAF 32d 达到峰值，分别为 4.4mg 和 22.4mg；在'赤霞珠'中呈现上升后趋于平缓的趋势。因此，'丽红宝'和'无核翠宝'的胚珠发育到一定阶段会停止正常发育，随后部分种子开始出现败育。

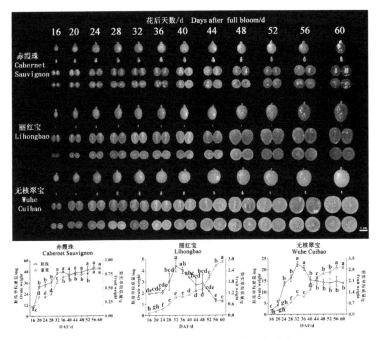

图1 不同时期葡萄果实和胚珠发育动态

注：图中不同小写字母表示同一品种不同取材时期在 $P<0.05$ 水平上有显著差异，下同。

②不同品种葡萄发育过程中果实与胚珠的横纵径和体积变化。'无核翠宝'和'丽红宝'胚珠横、纵径与体积均在一定时期达到顶峰后逐步降低（图2），呈现发育前期显著增加，后期降低的趋势，其中在 DAF 32d 胚珠纵径和体积均达到峰值，DAF 36d 胚珠横径均达到最大；且在整个发育过程中，'丽红宝'的胚珠横纵径和体积显著小于'无核翠宝'。两个无核葡萄品种浆果横径、纵径和体积均呈现持续增大的趋势，与浆果重量变化趋势类似，其中'无核翠宝'的浆果横径在 DAF 24d 之后始终高于丽红宝，而其纵径在 DAF 24~60d 中，除 DAF 48d 之外，基本低于'丽红宝'。对照品种'赤霞珠'胚珠和浆果的横

径、纵径和体积呈先增长后变化平稳，其中胚珠的横、纵径和体积均在 DAF 40d 左右达到峰值。由此说明，败育型葡萄胚珠发育到一定阶段，正常发育停滞，其种腔逐渐空瘪，胚珠横纵径与体积的变化与胚珠鲜重的变化较为一致。

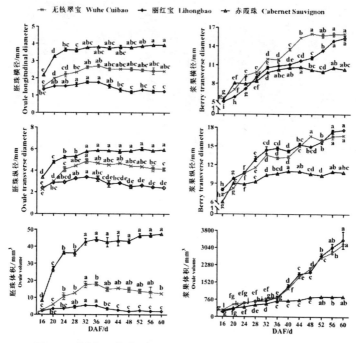

图 2　不同类型葡萄发育过程中胚珠、浆果横纵径与体积

③不同品种葡萄发育过程中胚珠数量变化。随着果实的发育，败育型葡萄'无核翠宝'和'丽红宝'的胚珠畸形率均呈现显著增加的趋势，'无核翠宝'在 DAF 36～40d，其胚珠畸形率由 28.3％增加至 60.8％，DAF 60d 增加至 85％以上，而'丽红宝'在 DAF 32～36d，其胚珠畸形率由 20.9％增长到 46.1％，并且在 DAF 60d，上升至 96.1％。而有核品种赤霞珠的胚珠在发育前期会出现部分胚珠畸形，但胚珠的畸形个数始终小于两个种子败育

型的无核品种,随着胚珠的发育,畸形胚珠逐渐消失,DAF 52d时,畸形胚珠全部消失,正常胚珠数达到100%。由此说明,'无核翠宝'和'丽红宝'胚珠分别于DAF 36d和32d开始败育。

表1 不同类型葡萄发育过程中胚珠数量

| 品种 | 盛花后天数<br>(d) | 胚珠总数<br>(个) | 畸形胚珠数<br>(个) | 畸形胚珠百分数<br>(%) |
|---|---|---|---|---|
| 无核翠宝<br>Wuhe<br>Cuibao | 16 | 17.0±0.6d | 3.7±0.3f | 21.5±1.4de |
| | 20 | 19.3±0.9cd | 2.7±0.3f | 13.8±1.8e |
| | 24 | 16.7±0.9d | 3.0±0.0f | 18.1±1.0e |
| | 28 | 17.0±0.6d | 5.0±0.6ef | 29.2±2.4d |
| | 32 | 26.7±0.3a | 7.0±0.6e | 26.3±2.2d |
| | 36 | 22.3±0.9bc | 6.3±0.3e | 28.3±0.6d |
| | 40 | 19.7±1.5cd | 12.0±1.2d | 60.8±1.4c |
| | 44 | 22±2.3bc | 16.3±1.2c | 74.8±2.8b |
| | 48 | 23.7±0.7ab | 18±1.2bc | 76.2±5.4b |
| | 52 | 21.3±1.2bc | 18.3±1.2abc | 85.9±2.5a |
| | 56 | 23.0±1.5bc | 20.7±1.2a | 90.1±3.5a |
| | 60 | 22.7±0.7bc | 19.7±0.3ab | 86.9±2.2a |
| 丽红宝<br>Lihongbao | 16 | 17.7±0.7a | 3.3±0.7d | 18.8±3.6ef |
| | 20 | 18.3±0.3a | 2.3±0.3d | 12.8±2.0f |
| | 24 | 19.3±0.9a | 4.0±1.2d | 20.6±6.0ef |
| | 28 | 16.7±1.5a | 4.3±0.9d | 25.5±3.1e |
| | 32 | 19.3±0.9a | 4.0±0.6d | 20.9±3.6ef |
| | 36 | 16.7±0.9a | 7.7±0.3c | 46.1±0.8d |
| | 40 | 16.3±1.2a | 9.0±0.6c | 55.2±1.2d |
| | 44 | 18.7±0.9a | 15.0±1.5ab | 79.9±4.7bc |
| | 48 | 17.7±0.9a | 13.0±1.5b | 73.2±5.5c |
| | 52 | 17.0±1.0a | 14.7±0.9ab | 86.3±1.6ab |
| | 56 | 18.3±0.9a | 17.3±1.3a | 94.3±3.2a |
| | 60 | 17.7±0.7a | 17.0±1.2a | 96.1±3.9a |

（续）

| 品种 | 盛花后天数<br>（d） | 胚珠总数<br>（个） | 畸形胚珠数<br>（个） | 畸形胚珠百分数<br>（%） |
|---|---|---|---|---|
| 赤霞珠<br>Cabernet<br>Sauvignon | 16 | 16.0±0.6d | 2.7±0.3a | 16.6±1.7ab |
| | 20 | 16.7±0.3cd | 2.3±0.3ab | 14.1±2.3ab |
| | 24 | 16.0±1.5d | 2.3±0.9ab | 14.5±4.7ab |
| | 28 | 16.7±0.7cd | 2.0±0.0ab | 12.0±0.5abc |
| | 32 | 18.3±0.9cd | 3.3±0.3a | 18.3±2.1a |
| | 36 | 20.0±1.2bc | 2.0±0.6ab | 9.9±2.8bcd |
| | 40 | 19.7±1.7bcd | 1.0±0.6bc | 5.2±3.2cde |
| | 44 | 18.7±1.3cd | 2.3±0.3ab | 12.5±1.4abc |
| | 48 | 22.7±0.7ab | 1.0±0.6bc | 4.5±2.6de |
| | 52 | 22.7±1.3ab | 0.0±0.0c | 0.0±0.0e |
| | 56 | 23.0±2.1ab | 0.3±0.3c | 1.7±1.7e |
| | 60 | 24.3±0.3a | 0.3±0.3c | 1.4±1.4e |

注：不同小写字母表示同一品种不同取材时期在 $P<0.05$ 水平上有显著差异。

④胚珠和果肉发育过程中生理指标变化

A. 胚发育过程中丙二醛含量变化。从图 3 中 a 可以看出，在胚珠发育前期（DAF 16～48d），伴随着胚败育的发生，'无核翠宝'和'丽红宝'胚珠中 MDA 含量在持续增加，但显著低于有核品种，而在 DAF 52d 后又高于'赤霞珠'，其中'无核翠宝'MDA 含量始终高于'丽红宝'。浆果 MDA 含量在'无核翠宝'发育中期显著高于对照品种'赤霞珠'，在'丽红宝'浆果中则与对照变化趋势类似，均是先降低后升高。结果表明，两个无核品种生长发育过程中，胚珠中的膜脂过氧化物随着胚败育的发生逐渐积累，且在生长发育末期，MDA 含量达到最大值，此时胚已完全败育。由此可知，MDA 含量与胚发育密切相关，MDA 含量的增加可能会抑制胚的发育，导致胚败育的发生。

B. 胚发育过程中可溶性糖和可溶性蛋白含量变化。从图 3 中 b、c 可以看出，可溶性糖和可溶性蛋白含量在参试的 3 个葡萄品种胚珠中均是先升高后降低，'无核翠宝'中于 DAF 40d 增长至峰值，'丽红宝'中于 DAF 36d 达最大值，此后随着种胚败育而下降。可溶性糖含量在无核葡萄品种胚珠发育前期 DAF 16～28d 和后期 DAF 44～60d 显著高于有核品种；但可溶性蛋白含量在两个无核葡萄品种胚珠内始终低于有核葡萄'赤霞珠'。而可溶性糖含量与可溶性蛋白含量在 3 个葡萄品种果肉中均呈增加趋势，且胚败育前期增长缓慢。在胚败育后期，两个无核品种果肉中可溶性糖含量显著高于对照，可溶性蛋白含量显著低于对照。由此可知，胚珠中可溶性糖含量和可溶性蛋白含量与胚珠发育密切相关，随着胚珠中可溶性糖和可溶性蛋白含量的降低，可能造成胚珠中胚的发育受阻，从而导致胚败育的发生。

C. 胚发育过程中过氧化物酶活性变化。'无核翠宝'和'丽红宝'胚珠中 POD 活性基本呈先升后降，分别在 DAF 32d、24d 达到最大值，且在'无核翠宝'中均高于对照品种，在'丽红宝'胚败育前期 DAF 16～32d 时，高于'赤霞珠'，而在'赤霞珠'中波动较小，始终处于较低水平（图 3d）。浆果 POD 活性在无核葡萄中显著低于有核葡萄赤霞珠，且在胚败育前期 DAF 16～32d 呈上升趋势，之后开始下降，在 DAF 48d 后又再次攀升，与最初的 POD 活性并无显著性差异。'无核翠宝'和'丽红宝'胚珠中 POD 活性的升高，说明在胚珠败育进程中有过氧化物质产生，进而诱导 POD 活性的升高，且 POD 活性的升高要早于大量畸形胚珠出现的时期。

D. 胚发育过程中超氧化物歧化酶活性变化。由图 3 中 e 可知，3 个葡萄品种胚珠中 SOD 活性基本呈逐渐上升趋势，且在'无核翠宝'中显著高于同时期的'赤霞珠'。'无核翠宝'SOD 活性在 DAF 16～36d，增长了 89.4%，胚珠败育后变化幅度较小。'丽红宝'胚珠 SOD 活性于 DAF 16～20d 显著性下降，此后随着胚珠的发育急剧上升，且在 DAF 28d 后显著高于对照品种'赤霞珠'。由此说明，超氧化物歧化酶活性高的环境条件下种胚的生长发育会受到一定程度的抑制而逐渐败育。

浆果的 SOD 活性在无核葡萄中显著高于有核葡萄'赤霞珠'，但在'无核翠宝'和'丽红宝'胚珠败育前均有一个显著下降的时期。'无核翠宝'浆果 SOD 活性在 DAF 24～28d，下降了 69.4%，此后变化幅度较小。而'丽红宝'浆果中的 SOD 活性于 DAF 20～24d 出现显著性下降，降幅为 36.3%，但在 DAF 24d 后，各时期无显著性变化。

E. 胚发育过程中过氧化氢酶活性变化。由图 3 中 f 可知，'无核翠宝'胚珠的 CAT 活性于 DAF 20～24d、32～36d 两个阶段有显著上升，在胚败育 DAF 36d 时达到峰值 3 350.0u/(g·min)，此后开始下降；在'丽红宝'中于 DAF 16～32d，增加至 4 483.6u/(g·min)，胚败育后出现显著性下降，降幅达 87.1%。而有核葡萄'赤霞珠'胚珠 CAT 活性呈现逐渐上升的趋势，且在 DAF 48～60d 之间，显著高于两个无核品种。3 个葡萄品种浆果 CAT 活性均是先升高后降低，在'无核翠宝'中于 DAF 40d 达最大值 1 078.0u/(g·min)；在'丽红宝'中于 DAF 52d 达到峰值；在'赤霞珠'中于 DAF 44d 达 1 584.0u/(g·min)，显著高于始末期。因此，前期败育型葡萄胚珠中有大量过氧化氢产生，致使 CAT 酶的活性增加，峰值出现在胚珠大量败育的始期，败育之后 CAT 活性下降。有核'赤霞珠'胚珠 CAT 活性的变化则是波动性增长，说明在有核葡萄成熟过程中，持续有过氧化氢的产生。

⑤无核葡萄不同生理生化指标主成分分析。通过对无核葡萄的生理生化指标信息进行 PCA 分析，选取特征值最高的前 4 个主成分因子，他们的累计贡献率为 80.10%（表 2）。第 1 主成分主要有果实单粒重、果实横径、果实纵径、果实体积、果形

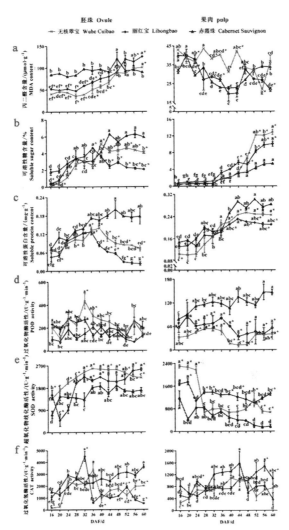

图 3 葡萄发育过程中 MDA、可溶性糖、可溶性蛋白含量和
POD、SOD、CAT 活性变化

注：图中不同小写字母表示同一品种不同取材时期在 $P<0.05$ 水平上有显著差异，* 表示同一取材时期与对照组在 $P<0.05$ 水平上有显著差异。

指数、果肉可溶性糖、果肉可溶性蛋白、胚珠退化率、胚珠
丙二醛、胚珠 SOD 活性，其特征值为 9.50，贡献率为
41.29%；第 2 主成分主要有胚珠重、胚珠横径、胚珠纵径、
胚珠体积、胚珠可溶性蛋白，其特征值为 6.13，贡献率为
26.51%；第 3 主成分主要有胚珠 CAT 活性，其特征值为
1.76，贡献率为 7.67%；第 4 主成分主要有胚珠数和果肉
POD 活性，其特征值为 1.07，贡献率为 4.63%。综合分析前
4 个主成分，贡献率较大的果肉可溶性糖、可溶性蛋白和胚珠
丙二醛、可溶性蛋白、SOD 活性等生理指标，是无核葡萄胚败
育过程中胚败育的主要影响指标。

**表 2　各指标主成分的特征向量及贡献率**

| 指标 | | 主成分各指标的特征向量 | | | |
|---|---|---|---|---|---|
| | | 主成分 1 | 主成分 2 | 主成分 3 | 主成分 4 |
| 果实 | 单粒重 | 0.95 | −0.10 | −0.09 | 0.14 |
| | 横径 | 0.98 | −0.08 | −0.10 | 0.02 |
| | 纵径 | 0.88 | −0.38 | 0.14 | 0.08 |
| | 体积 | 0.94 | −0.25 | −0.11 | 0.12 |
| | 果形指数 | −0.73 | −0.39 | 0.37 | 0.18 |
| 果肉 | 丙二醛 | −0.43 | 0.49 | −0.36 | 0.26 |
| | 可溶性糖 | 0.88 | −0.24 | −0.13 | 0.20 |
| | 可溶性蛋白 | 0.83 | 0.09 | 0.27 | −0.13 |
| | CAT | 0.49 | −0.19 | 0.38 | −0.04 |
| | SOD | −0.64 | −0.41 | −0.37 | −0.06 |
| | POD | −0.36 | −0.21 | 0.51 | 0.50 |
| 胚珠 | 单粒重 | 0.14 | 0.90 | −0.25 | 0.14 |
| | 横径 | 0.20 | 0.93 | −0.17 | 0.09 |

（续）

| 指标 | | 主成分各指标的特征向量 | | | |
|---|---|---|---|---|---|
| | | 主成分 1 | 主成分 2 | 主成分 3 | 主成分 4 |
| | 纵径 | 0.26 | 0.93 | −0.02 | 0.09 |
| | 体积 | 0.27 | 0.92 | −0.13 | 0.09 |
| | 胚珠数 | −0.59 | −0.27 | 0.06 | −0.43 |
| | 胚珠败育率 | 0.94 | −0.20 | −0.04 | −0.06 |
| | 丙二醛 | 0.82 | −0.49 | 0.02 | 0.09 |
| | 可溶性糖 | 0.60 | 0.40 | 0.38 | −0.37 |
| | 可溶性蛋白 | −0.15 | 0.75 | 0.37 | −0.33 |
| | CAT | −0.10 | 0.41 | 0.61 | 0.30 |
| | SOD | 0.68 | 0.36 | 0.03 | −0.20 |
| | POD | −0.26 | 0.62 | 0.22 | 0.06 |
| 特征值 | | 9.50 | 6.10 | 1.76 | 1.07 |
| 方差贡献率（%） | | 41.29 | 26.51 | 7.67 | 4.63 |
| 累计贡献率（%） | | 41.29 | 67.80 | 75.47 | 80.10 |

⑥不同时期葡萄生理生化指标灰色关联分析。对无核葡萄生理生化数据进行标准化处理后，进行灰色关联分析，由表 3 可知，胚珠中 SOD 活性与胚败育关联度的平均值最大；其次分别是：果肉可溶性蛋白含量＞胚珠数＞果肉 MDA 含量＞果实纵径等。分析表明，在 SOD 活性的影响下，胚珠中胚的生长发育会受到一定程度的抑制而逐渐败育。

无核葡萄胚珠、浆果内抗氧化酶活性和膜脂过氧化物含量在一定程度上能反映胚败育进程。董姝娟等（2008）研究发现，保护酶活性的增加和膜质过氧化物含量的增加可能与金星无核葡萄胚败育相关。潘学军等（2011）认为胚珠败育前，抗氧化酶活性和膜脂过氧化物含量的增加可保护胚珠生长发育，而随着胚珠败育，抗氧化酶活性降低。本试验中，'无核翠宝'和'丽红宝'

**表3 不同时期葡萄生理生化指标关联系数和关联度**

| | 盛花后天数 (d) | k=1 | k=2 | k=3 | k=4 | k=5 | k=6 | k=7 | k=8 | k=9 | k=10 | k=11 | k=12 | k=13 | k=14 | k=15 | k=16 | k=17 | k=18 | k=19 | k=20 | k=21 | k=22 | k=23 |
|---|---|---|---|---|---|---|---|---|---|---|---|---|---|---|---|---|---|---|---|---|---|---|---|---|
| | 16 | 0.35 | 0.45 | 0.49 | 0.35 | 0.67 | 0.97 | 0.33 | 0.46 | 0.53 | 1.00 | 0.37 | 0.47 | 0.73 | 1.00 | 0.62 | 0.50 | 0.39 | 0.42 | 1.00 | 0.41 | 0.48 | 0.51 | 1.00 |
| | 20 | 0.36 | 0.51 | 0.53 | 0.37 | 0.62 | 0.81 | 0.34 | 0.45 | 0.56 | 0.97 | 0.40 | 0.38 | 0.57 | 0.67 | 0.42 | 0.80 | 0.36 | 0.44 | 0.50 | 0.42 | 0.39 | 0.59 | 0.59 |
| | 24 | 0.37 | 0.52 | 0.54 | 0.37 | 0.61 | 0.75 | 0.35 | 0.46 | 0.69 | 0.90 | 0.48 | 0.36 | 0.53 | 0.52 | 0.37 | 0.64 | 0.38 | 0.43 | 0.38 | 0.39 | 0.58 | 0.69 | 0.34 |
| | 28 | 0.39 | 0.53 | 0.56 | 0.38 | 0.63 | 1.00 | 0.35 | 0.53 | 0.88 | 0.41 | 0.47 | 0.35 | 0.51 | 0.50 | 0.37 | 0.71 | 0.39 | 0.41 | 0.35 | 0.38 | 0.50 | 0.78 | 0.35 |
| | 32 | 0.40 | 0.55 | 0.59 | 0.39 | 0.63 | 0.80 | 0.35 | 0.59 | 0.92 | 0.43 | 0.48 | 0.35 | 0.48 | 0.48 | 0.35 | 0.71 | 0.42 | 0.42 | 0.35 | 0.38 | 1.00 | 0.90 | 0.35 |
| | 36 | 0.42 | 0.57 | 0.57 | 0.40 | 0.59 | 0.86 | 0.36 | 0.76 | 0.75 | 0.43 | 0.52 | 0.36 | 0.48 | 0.49 | 0.35 | 0.75 | 0.56 | 0.45 | 0.35 | 0.37 | 0.62 | 1.00 | 0.34 |
| | 40 | 0.48 | 0.65 | 0.59 | 0.44 | 0.54 | 0.63 | 0.36 | 0.80 | 0.40 | 0.41 | 0.65 | 0.36 | 0.49 | 0.49 | 0.36 | 0.75 | 0.57 | 0.47 | 0.34 | 0.36 | 0.56 | 0.98 | 0.37 |
| | 44 | 0.58 | 0.74 | 0.67 | 0.51 | 0.55 | 0.94 | 0.40 | 0.97 | 0.38 | 0.41 | 0.60 | 0.36 | 0.49 | 0.49 | 0.36 | 0.73 | 0.69 | 0.51 | 0.34 | 0.38 | 0.54 | 0.96 | 0.35 |
| 无核翠宝 | 48 | 0.65 | 0.80 | 0.70 | 0.57 | 0.54 | 0.68 | 0.51 | 1.03 | 0.39 | 0.42 | 0.59 | 0.36 | 0.49 | 0.50 | 0.36 | 0.68 | 0.60 | 0.63 | 0.34 | 0.39 | 0.48 | 0.97 | 0.35 |
| | 52 | 0.88 | 0.88 | 0.79 | 0.68 | 0.55 | 0.65 | 0.90 | 0.99 | 0.59 | 0.49 | 0.42 | 0.36 | 0.50 | 0.50 | 0.36 | 0.88 | 0.74 | 0.62 | 0.34 | 0.39 | 0.43 | 0.88 | 0.36 |
| | 56 | 0.93 | 0.91 | 0.84 | 0.75 | 0.56 | 0.49 | 0.89 | 0.98 | 0.59 | 0.41 | 0.47 | 0.37 | 0.50 | 0.51 | 0.36 | 1.00 | 0.89 | 0.69 | 0.34 | 0.39 | 0.54 | 0.79 | 0.35 |
| | 60 | 1.00 | 1.00 | 0.87 | 0.89 | 0.55 | 0.75 | 1.00 | 0.96 | 0.62 | 0.41 | 0.50 | 0.37 | 0.50 | 0.52 | 0.37 | 1.07 | 0.84 | 0.71 | 0.34 | 0.40 | 0.43 | 0.77 | 0.35 |

关联系数

（续）

| 品种 | 盛花后天数 (d) | 关联系数 | | | | | | | | | | | | | | | | | | | | | | |
|---|---|---|---|---|---|---|---|---|---|---|---|---|---|---|---|---|---|---|---|---|---|---|---|---|
| | | k=1 | k=2 | k=3 | k=4 | k=5 | k=6 | k=7 | k=8 | k=9 | k=10 | k=11 | k=12 | k=13 | k=14 | k=15 | k=16 | k=17 | k=18 | k=19 | k=20 | k=21 | k=22 | k=23 |
| | 16 | 0.35 | 0.43 | 0.51 | 0.34 | 1.00 | 0.64 | 0.34 | 0.51 | 1.00 | 0.64 | 0.42 | 0.57 | 0.87 | 0.91 | 0.75 | 0.62 | 0.38 | 0.46 | 0.50 | 0.46 | 0.51 | 0.54 | 0.37 |
| | 20 | 0.36 | 0.45 | 0.56 | 0.35 | 0.98 | 0.86 | 0.35 | 0.52 | 0.35 | 0.67 | 0.41 | 0.54 | 0.73 | 0.69 | 0.52 | 0.57 | 0.36 | 0.45 | 0.40 | 0.45 | 0.46 | 0.38 | 0.35 |
| | 24 | 0.38 | 0.50 | 0.60 | 0.37 | 0.77 | 0.79 | 0.35 | 0.58 | 0.36 | 0.48 | 0.59 | 0.52 | 0.72 | 0.68 | 0.51 | 0.54 | 0.38 | 0.46 | 0.35 | 0.38 | 0.66 | 0.43 | 0.34 |
| | 28 | 0.39 | 0.52 | 0.60 | 0.38 | 0.72 | 0.56 | 0.35 | 0.71 | 0.40 | 0.55 | 0.49 | 0.47 | 0.68 | 0.61 | 0.46 | 0.74 | 0.40 | 0.44 | 0.34 | 0.37 | 0.53 | 0.68 | 0.34 |
| | 32 | 0.39 | 0.51 | 0.63 | 0.38 | 0.77 | 0.59 | 0.35 | 0.66 | 0.43 | 0.55 | 0.50 | 0.44 | 0.63 | 0.59 | 0.43 | 0.61 | 0.38 | 0.48 | 0.34 | 0.37 | 0.57 | 0.79 | 0.34 |
| 丽红宝 | 36 | 0.42 | 0.54 | 0.64 | 0.40 | 0.72 | 0.56 | 0.39 | 0.68 | 0.34 | 0.53 | 0.49 | 0.49 | 0.63 | 0.62 | 0.43 | 0.56 | 0.48 | 0.51 | 0.34 | 0.37 | 0.41 | 0.72 | 0.41 |
| | 40 | 0.43 | 0.62 | 0.69 | 0.45 | 0.64 | 0.47 | 0.42 | 0.76 | 0.33 | 0.53 | 0.49 | 0.53 | 0.73 | 0.73 | 0.52 | 0.59 | 0.53 | 0.55 | 0.34 | 0.39 | 0.48 | 0.78 | 0.36 |
| | 44 | 0.44 | 0.68 | 0.84 | 0.52 | 0.67 | 0.47 | 0.47 | 0.86 | 0.37 | 0.51 | 0.63 | 0.58 | 0.90 | 0.71 | 0.64 | 0.62 | 0.74 | 0.57 | 0.35 | 0.42 | 0.40 | 0.71 | 0.37 |
| | 48 | 0.45 | 0.71 | 0.83 | 0.54 | 0.65 | 0.66 | 0.45 | 0.81 | 0.44 | 0.49 | 0.60 | 0.63 | 1.09 | 0.83 | 1.00 | 0.65 | 0.67 | 0.64 | 0.35 | 0.43 | 0.43 | 0.71 | 0.36 |
| | 52 | 0.74 | 0.83 | 0.92 | 0.70 | 0.61 | 0.57 | 0.58 | 0.79 | 0.52 | 0.46 | 0.78 | 0.70 | 0.89 | 0.78 | 0.70 | 0.75 | 0.83 | 0.91 | 0.35 | 0.62 | 0.39 | 0.74 | 0.35 |
| | 56 | 0.83 | 0.90 | 0.98 | 0.83 | 0.60 | 0.56 | 0.67 | 0.76 | 0.41 | 0.50 | 1.00 | 0.83 | 1.01 | 0.85 | 0.88 | 0.70 | 0.96 | 0.84 | 0.35 | 0.71 | 0.37 | 0.93 | 0.38 |
| | 60 | 0.89 | 0.98 | 1.00 | 1.00 | 0.59 | 0.49 | 0.69 | 0.76 | 0.38 | 0.53 | 0.63 | 1.01 | 1.00 | 0.88 | 0.94 | 0.77 | 1.00 | 1.00 | 0.35 | 0.79 | 0.41 | 0.97 | 0.42 |
| | 关联度 | 0.59 | 0.72 | 0.75 | 0.56 | 0.72 | 0.75 | 0.53 | 0.79 | 0.57 | 0.60 | 0.59 | 0.53 | 0.73 | 0.71 | 0.57 | 0.77 | 0.63 | 0.61 | 0.42 | 0.47 | 0.55 | 0.83 | 0.43 |
| | 排序 | 14 | 7 | 5 | 17 | 8 | 4 | 20 | 2 | 15 | 12 | 13 | 19 | 6 | 9 | 16 | 3 | 10 | 11 | 23 | 21 | 18 | 1 | 22 |

注：k1. 果实单粒重；k2. 果横径；k3. 果纵径；k4. 果实体积；k5. 果肉SOD活性；k6. 果肉CAT活性；k7. 果肉可溶性糖含量；k8. 果形指数；k9. 果肉MDA含量；k10. 果肉SOD活性；k11. 果肉CAT活性；k12. 胚珠横径；k13. 胚珠纵径；k14. 胚珠体积；k15. 胚珠数；k16. 胚珠数；k17. 果肉POD活性；k18. 果肉MDA含量；k19. 胚珠可溶性糖含量；k20. 胚珠可溶性蛋白含量；k21. 胚珠可溶性蛋白含量；k22. 胚珠SOD活性；k23. 胚珠CAT活性。

胚珠中的 POD 和 CAT 活性在胚珠败育前逐渐升高，在胚珠败育后显著降低；3 个参试葡萄胚珠 MDA 含量和 SOD 活性均呈现增长趋势，在生长后期，无核葡萄 MDA 含量趋近，甚至高于有核葡萄，但'丽红宝'胚珠中的 SOD 活性在 DAF 16~20d 显著下降，在胚珠败育前期（DAF 20~32d）显著增加，随后变化幅度较小。表明抗氧化酶活性和膜脂过氧化物与葡萄胚胎发育密切有关，抗氧化酶活性和 MDA 含量的升高可能不利于胚珠的发育，最后导致胚败育，因品种间的差异，抗氧化酶活性高低略有不同。

本试验通过主成分分析和灰色关联度分析对无核葡萄的胚败育的影响因子进行了研究，发现胚珠 SOD 活性与胚败育的关联度最高，且果实单粒重、果横径、果纵径、果实体积、果形指数、果肉可溶性糖含量、果肉可溶性蛋白含量、胚珠退化率、胚珠丙二醛含量为影响胚败育的主因子，这一研究结果为今后无核葡萄胚挽救育种采样时期的确定提供了科学依据和理论指导。关于胚败育的分子生物学机理有待继续研究，在我们今后的研究中，将从分子生物学水平进一步探究无核葡萄胚败育的机制。

## 二、无核葡萄育种现状

葡萄是世界四大水果之一，无核葡萄品种更是饱受消费者青睐，是当前国际葡萄生产和消费的发展方向和趋势（唐晓萍等，2014；Stajner et al.，2014）。因此，加快培育优质无核葡萄新品种的进程，提高无核葡萄育种效率，是全球葡萄育种工作者的共同目标。生产上现栽的无核葡萄品种，多为欧洲种葡萄，其品质优良，产量高，适合鲜食，同时也是酿酒、制干及制罐的原材料。但抗逆性差是欧洲种葡萄的主要缺点，因此，对欧洲种无核葡萄进行良种选育和遗传改良必将是无核鲜食葡萄发展的主要方向之一。

## （一）葡萄无核化理论基础

有核葡萄的坐果和果实发育须具备 3 个条件：①有正常的花粉和胚珠；②经过授粉和受精；③形成种皮硬化的种子。基于此必备条件，葡萄无核化可通过以下 3 个途径：

**1. 诱导花粉和胚珠异常**　遗传、激素、营养、栽培技术和生态因子等内外因素都会对其造成影响。所有的葡萄品种花粉和胚珠都有部分败育的现象，多倍体和非整倍体比二倍体的败育率更高。

$GA_3$ 和 SM 都能使葡萄花粉和胚珠败育，但两者的作用机理显然不同。花前用 $GA_3$ 处理花序，诱导无核果的主要作用有3 点：①改变了花序中的激素平衡，使 GA 水平增高。一般认为在开花前和开花期，花序的生长素水平较高，有利于胚珠发育，GA 水平高，易导致胚珠异常。②$GA_3$ 使开花期提早，花粉和胚囊的发育与开花不同步，到开花时来不及发育成熟。③$GA_3$ 改变了花序的营养分配。直接接触 $GA_3$ 溶液的花序外部组织获得较多的营养，促进了生长；处在花冠和子房壁包围之中的胚珠，营养不足，发育受抑制。而 SM 是抗生素，不属于类激素物质。它在花前处理花序，使花序、花梗、花朵、子房的生长都受到抑制。从这些表现来看，SM 可能对生长素 GA 或细胞分裂素等促进生长的激素有拮抗作用或抑制这些激素的合成，因而抑制了花粉和胚珠的正常发育，但这有待证实。

**2. 阻碍授粉、受精过程**　不论葡萄的胚珠发育是否正常，只要不让其授粉、受精，结出的果实都是无核的。葡萄的雌能花品种和应用杀雄剂使花粉败育的两性花品种，在开花期隔离与其他葡萄花粉传粉受精，然后应用生长素、$GA_3$ 等生长调节剂处理，使其坐果和长大，也可获得无核果。

**3. 使种皮不能硬化**　无核化的葡萄，只要种皮不硬化，虽有种子，食用时口感仍是无核的，而且种子败育型的无核葡萄长得还更大些。葡萄种皮的硬质层是由外珠被的内层细胞发育而成的。外珠被异常的胚珠，如胚囊正常，可以受精，甚至形成长达7mm 的种子，但种皮不硬化；反之，在胚未发育的情况下，种皮也可表现不同程度的木质化，形成大小不等的硬的瘪籽，吃起来有砂质感。

## （二）传统杂交育种

自 1922 年，美国第一个无核葡萄品种'梅尔'（Merer Ever-bearing）报道以来，无核葡萄育种在世界范围内不断取得新的进展。20 世纪，科学工作者利用这种杂交组合的方法选育出了许多著名的无核品种，如'Flame Seedless'（Weinberger，1974）、'Delight'（杨有龙，1992）等。但是，传统的方法是通过大田杂交进行葡萄育种，由于大多无核葡萄品种的合子胚在发育过程中会败育，因此传统的无核葡萄育种途径只能以有核品种做母本、无核品种做父本进行杂交，然后再进行轮交或回交，如此育成一个无核品种需耗时 10 年以上，且后代无核概率低，一般仅有 0～15.9%（Ji and Wang，2013）。此外，三倍体葡萄育种也是获得优良无核葡萄的重要途径之一（Guo et al.，2011；Sun et al.，2011）。一般人工培育三倍体是从二倍体和四倍体有性杂交而来，但基于胚乳平衡数目假说（Endosperm Balance Number，EBN）和实际生产经验，不同倍性之间葡萄杂交，合子胚会发生早期退化，难以得到杂交种子而成为三倍体育种的阻碍（Shen et al.，2011）。因此，利用传统的大田杂交的方法进行无核葡萄育种，耗时耗力，且效率低下，进程十分缓慢。

## （三）现代胚挽救技术的应用

而胚挽救技术实现了以无核品种作为母本，远缘杂交改良葡萄品种成为可能，丰富了杂交组合的配置方式，大大节省了育种周期，后代无核概率也得到了很大的提高。Tukey 在 1933 年的樱桃胚培养是果树胚培养的里程碑（Ramming，1990）。自此以后，胚培养开始被成功应用于果树的早熟育种、无核育种和远缘杂交育种中，并不断取得进展。1982 年，美国葡萄育种学家

Ramming and Emershad 首次将胚挽救技术应用于无核葡萄育种并成功获得两株实生苗（Ramming and Emershad，1982）。此后，除美国外，法国（Bouquet and Davis，1989）、意大利（Gribaudo et al.，1993）、阿根廷（Valdez，2005）、西班牙（Garcia et al.，2000）、以色列（Perl et al.，2000，2003）、日本（Notsuka et al.，2001）、印度（Midani et al.，2002；Sahijram and Kanamadi，2004）、南非（Burger et al.，2003）、澳大利亚（Liu et al.，2003）和中国（郭修武等，2007；王跃进等，2001；田莉莉，2007；唐冬梅2010；Ji et al.，2013，2015）等许多国家也相继利用胚挽救技术创建了大量的无核葡萄新种质。

单性结实型（Parthenocarpy）葡萄品种由于不能形成合子胚，无法遗传给 F1 代，所以在无核葡萄育种中很少研究利用。一般育种中使用的无核葡萄品种为"假单性结实型（Pseudoparthenocarpy）"或"种子败育型（Stenospermocarpy）"。

### （四）圆叶葡萄抗逆基因的引入

由于圆叶葡萄（*Vitis rotundifolia* Michx.）独特的抗病虫和抗湿热特性早已受到全球葡萄育种家的重视，大家一直都致力于将欧洲葡萄的优良果实品质和圆叶葡萄抗性相结合。1988—1989 年，Goldy et al.（1988，1989）利用胚挽救技术进行葡萄育种，分别获得了 19 株和 52 株"无核葡萄×圆叶葡萄"的杂种苗，经 Ramming et al.（2000）鉴定，其中的"C41-5"株系，为假单性结实型无核材料，从而实现了抗病基因向无核葡萄的渗透。然而，圆叶葡萄与欧洲葡萄分属不同亚属，且染色体数目上存在差异，远缘杂交存在胚败育现象，杂交成苗率极低（Bouquet et al.，1980；Goldy et al.，1987；Lu and Lamikanra，1996）。

### （五）中国野生葡萄抗性基因的引入

10 多年来，笔者所在课题组一直致力于利用中国野生葡萄做父本、无核葡萄做母本进行杂交，通过胚挽救技术体系培育无核抗逆新品种的研究。王跃进等（2001）首次将抗病性强的中国野生葡萄做父本，与欧洲无核葡萄做母本进行杂交，确定了不同基因型适宜的胚挽救时期，并从杂交组合"爱莫无核×泰山-2"（*Vitis vinifera×Vitis thunbergii Sieb*. Et Zucc）的已结果的杂种单株中选育出"00-3-1"和"00-2-7"等抗病无核优系，为创建葡萄无核抗病基因聚合的育种技术开辟了新的途径。李桂荣等（2001）也选用中国野生葡萄做父本与欧洲无核葡萄进行杂交，通过胚挽救技术获得 51 株杂交后代，并有 16 株成功定植大田。随后，潘学军（2005）继续以欧洲无核×中国野生葡萄进行杂交，利用胚挽救技术获得成苗 377 株，炼苗移栽 102 株，成功定植于大田 86 株，成活率达到 84.31%。田莉莉（2007）也进行了此项研究，获得了 65.3%的最高成苗率，成功定植大田 500多个株系，已检测到无核株系 20 个。唐冬梅（2010）获得 153株杂种苗，经检测 77 株具无核性。纪薇（2013）获得 436 株无核葡萄杂种苗。

## （六）三倍体葡萄育种策略

由于三倍体葡萄植株具有一系列的优点，如无核、生长势强、果粒大、糖度高等，一直以来也是无核葡萄育种的热点。Johnston et al.（1980）提出的 Endosperm Balance Number（EBN）假说认为，在杂种的胚乳中，只有父本与母本的基因比例是 2:1，胚乳才能获得良好发育，形成健全种子，否则会导致胚的败育。一般地讲，由于三倍体是通过二倍体和四倍体杂交获得，染色体数目不等会导致胚和胚乳发生败育，无法获得有生命力的种子，因此以传统的杂交育种方法获得三倍体葡萄比较困难。

而胚挽救技术可以成功地克服这一困难。日本葡萄育种学家Yamashita et al.（1993）最早报道获得了三倍体胚挽救植株，随后众多学者也相继报道了利用胚挽救技术获得了三倍体杂种植株（蒋爱丽等，2007；Minernura et al.，2009；Yamashita et al.，1998；Bessho et al.，2000；Bharathy et al.，2005；Tian

et al.，2008；Sun et al.，2011）。Sun et al.（2011）提出四倍
体的胚珠发育率比二倍体的胚珠发育率低。Guo et al.（2010）
认为，用二倍体品种做母本比用四倍体品种做母本容易获得杂种
后代，这也得到了其他众多学者的支持（郭印山等，2005；徐海
英等，2005；Yang et al.，2007；Ji et al.，2015）。继 Park et
al.（1999）以葡萄三倍体为亲本，利用胚挽救技术，获得了 5
株非整倍体植株之后，利用胚挽救技术进行非整倍体植株的培育
也是目前的葡萄育种的研究热点之一（Park et al.，1999，
2002；Druart，2006；Tucker et al.，2010；Glaser，2012；
Reisch et al.，2012；Lee et al.，2017）。

**（七）分子标记辅助选择在无核葡萄育种上的应用**

一些学者的研究结果表明，即使用无核葡萄×无核葡萄杂
交，并非所有的葡萄杂种 F1 代均会表现为无核性状。例如，
Ramming（1990）经过试验获得的杂种植株中，首先结果的有
82％为无核；Notsuka et al.（2001）的研究结果中 F1 代无核率
为 24％；Burger et al.（2003）后代无核率为 55％～92％。传统
的杂交育种对后代目标性状的选择鉴定，主要是通过形态表现型
进行的。而果树的生长周期尤其是童期漫长，就决定其需要耗费
大量的时间、人力和财力。

现代分子生物学技术的迅速发展，实现了对杂交后代目标性
状的早期选择，节省了育种成本（Moreau et al.，1998；乔玉山
等，2004；王军，2009）。获得与目标性状相连锁的 DNA 标记，
通常采用两种方法，即集群分离分析法（Bulked segregant anal-
ysis，BSA）和近等基因系法（Near isogenic lines，NILs）。目
前，BSA 法已成为诸如葡萄等果树重要农艺性状 DNA 标记获取
的主要途径。DNA 标记技术主要有以下几种：随机扩增多态性
DNA（Random amplified polymorphismic DNA，RAPD）、序列
特异性扩增区域（Sequenced characterized amplified regions，
SCAR）、DNA 限制性片段长度多态性（Restriction fragment

length polymorphism，RFLP）、扩增片段长度多态性（Amplified fragment length polymorphism，AFLP）、扩增产物切割多态性标记（Cleaved amplified polymorphismic sequence，CAPS）、抗病基因类似物标记（Resistance gene analogs，RGA）等，其中葡萄上应用最多的是 RAPD 标记。

国内外诸多学者将分子标记辅助育种（Marker-assisted selection，MAS）应用至无核葡萄的选育技术中（王跃进等，1996；王跃进和 Lamikanra，2002；Lahogue et al.，1998；Striem et al.，1992，1996；Scott et al.，2000；Adam-Blondon et al.，2001；Doligez et al.，2002；Cabezas et al.，2006；田莉莉，2007；唐冬梅，2010）。Lahogue et al.（1998）通过对"无核白"的研究，获得了与无核基因连锁的 RAPD 标记和 SCAR 标记，成功地检测了葡萄无核基因及其性状。Scott et al.（2000）首次利用 AFLP 技术对火焰无核的突变体进行早期鉴定，获得了 2 个特异性引物。我们实验室经过长期的研究，采用 BSA（Bulked segregant analysis）法，筛选出与葡萄无核性状相连锁的 RAPD 标记 UBC269519 和 UBC269484 之后（王跃进等，1996），通过测序设计合成了具有检测葡萄无核基因作用的 18bp 寡聚核苷酸 5′CCAGTTCGCCCGTAAATG3′，并进一步转化成可用于检测葡萄无核性状的无核基因 SCAR 标记 GSLP1-569（王跃进和 Lamikanra，2002），并申请了专利（专利号为971006.6，公开号为 CN1182794A），目前已广泛应用于生产（杨英军等，2002；王跃进等，2002；杨克强等，2005；郭海江等，2005；田莉莉，2007；唐冬梅，2010；Ji et al.，2013）。

## （八）其他无核葡萄育种途径

芽变选育也是无核葡萄品种产生的重要途径（贺普超，1999；张宗勤等，2011）。

# 第二章 葡萄杂交亲本选择

## 一、葡萄杂交父本材料

### (一)中国野生葡萄种质资源概述

**1. 中国野生葡萄种质资源多样性** 中国是葡萄属植物的原产地之一，横跨热带、亚热带、温带和寒带四大气候带，地域辽阔，地形地貌丰富多样，自然环境条件非常复杂。外界优越的生态环境能够满足葡萄生存和繁衍的要求，在长时间的演变进化过程中很多野生种类得以生存，从而使野生种的表现极具多样性。因此，中国拥有着极为丰富的葡萄属资源（Ji et al.，2013；Guo et al.，2013）。

野生葡萄在中国的地理分布范围十分广泛，地理跨度较大，东起台湾地区，西到西藏地区，北至内蒙古地区，南达南海地区。但由于地势地貌与外界环境的影响，中国野生葡萄的种类和数量在地理上的分布并不均衡（姜建福等，2011）。在中国，野生葡萄的分布特点是以集中分布区作为中心开始向四周扩散，距离中心越远的地区所包含的种类越少。这一特点在我国邻近边境的地区表现最为明显，如内蒙古和东北地区仅有山葡萄1个种，西藏范围内包含2个种，台湾地区发现了4个野生种，而新疆则不存在葡萄野生资源（孟聚星，2017）。

**2. 中国野生葡萄系统发育和分类** 中国野生葡萄属已知有40种，1亚种，13变种，占世界葡萄属种类的60%左右（桂柳柳，2017）。科学家们对中国葡萄属野生资源遗传多样性进行了广泛的研究。其中，贺普超等（1982）最先探讨了中国葡萄属的起源研究，研究葡萄花粉结构的相似性发现山葡萄和部分欧亚种在起源上具有一定的联系。随后，晁无疾等（1990）发现蘡薁和变叶葡萄、华北葡萄和燕山葡萄有较近的亲缘关系。何永华等（1994）认为秋葡萄和毛脉葡萄应该有着相近的亲缘关系，同时指出它们极可能有着相同的起源祖先。刘三军等（1995）根据数量聚类方法分析了我国葡萄属的叶片形态，将葡萄属10个种分为3个类群，推测了种间亲缘关系与地理分布之间的关系，并认为我国葡萄属的起源地可能是华中地区。牛立新等（1996）对毛葡萄作为古老野生种的这一观点提出质疑，并依据分析结果指出菱叶葡萄是中国葡萄属资源里较早起源的野生种。孙马等（2006）系统地对我国野生葡萄属18种64份材料的染色体用去壁低渗染色体计数法和流式细胞术法进行研究，结果分析证明我国野生葡萄是二倍体（$2n=38$）。罗素兰等（2001）利用RAPD标记对葡萄系统发育关系的研究结果显示，中国野生葡萄属与其他欧亚种的亲缘关系较远。张永辉等（2011）对起源于我国的野生葡萄16个种及其近缘种共81份材料进行ISSR标记研究，分析其遗传多样性。段来军（2016）研究了中国葡萄属叶片形态变异，说明葡萄属叶片形态种内多型性现象。另外，菱叶葡萄由于其具有独特的菱形叶片，前人研究基于形态学和遗传学RAPD等均得到统一的结果，与其他种差异明显，亲缘关系最远，是一个相对独立的种（罗素兰等，2001；刘崇怀等，2010）。且菱叶葡萄分布地区较窄，藤本蔓性特征不突出，猜测可能是一个比较原始的种，进化比较慢。

然而，虽然葡萄工作者利用传统形态学分类和分子生物学等方法，对葡萄属的分类、种间或种内亲缘关系及系统进化进行了大量的研究，目前中国葡萄属种类仍然不确定。分析可能的原因如下：其一，由于中国葡萄属数量丰富，且不断有新种报道，分布区较广，难以获得所有材料，使其种类数量存在很大争议；其二，中国野生葡萄属的形态差异有连续过渡性变异的特点，而且普遍存在种间自然杂交和种内多型性的现象（张旭彤，2012；刘崇怀，2012；段来军，2016），导致野生葡萄属的系统发育问题难以解决，分类界限并不清晰；其三，葡萄属之间并无生殖隔离，在自然条件下大范围的分布区重叠的种类之间产生大量的基因交流导致种群的遗传分化，葡萄属内部的系统发育复杂（Aradhya et al.，2008）；其四，由于测序成本的限制，加之葡萄属一些物种复合体较复杂，仍然需要更多的证据进一步完善和深入研究才能从根本上解决葡萄属系统发育和分类问题，得到完整、统一、规范的分类性状描述，从而加强对中国野生葡萄资源的良好利用。

**3. 中国野生葡萄种质资源特性** 原产我国的山葡萄、桑叶葡萄、毛葡萄及腺枝葡萄等与栽培葡萄相比，果实小，果穗紧凑，糖含量较低，但酸和单宁的含量较高，适合酿酒生产，其酒质色泽口感均属上乘。另外，大量研究表明，野生葡萄属种质资源不仅丰富多样，而且具有极强的适应性和抗逆性，可以选育提高栽培葡萄品质的抗性基因以及更具有价值的砧木。其中，徐洪国等（2014）依据测定叶绿素荧光参数指标的结果显示，野生葡萄与欧美杂种葡萄成龄叶片表现出较强的耐热性，欧亚种耐热性极差；同时还发现葡萄有性杂交后代叶片的抗热性表现不一致，说明葡萄成龄叶叶片的抗热性是由多基因决定的（Xu et al.，2014）。潘学军团队的研究发现，中国西南喀斯特山区虽降雨较丰富，但土壤浅薄，保水能力弱，突发性和临时性干旱经常发生，在这特殊的干旱环境条件下蕴藏着抗旱能力极强的野生毛葡萄（*Vitis quinquangularis*）资源，且这些野生毛葡萄资源在长期适应喀斯特山区特殊的水文及地貌特征的过程中形成了较为独特的抗旱生理机制（李德燕等，2009；潘学军等，2010a，2010b；仲伟敏等，2012；马孟增等，2013；颜培玲等，2015；余凤岚等，2015；李菲等，2016；任菲宏等 2019）。刺葡萄（*Vitis davidii* Foëx）属葡萄科葡萄属真葡萄亚属多年生藤本植物，是东亚种群的一种野生种质资源，由于长期处于野生状态，其典型的特点是在新梢、叶柄及叶脉上着生皮刺，其粒小、皮厚、色深，酿制的红葡萄酒有特殊的品种香气和较好的口感，广泛分布于中国秦岭以南地区，在安徽、湖南、贵州等地区，现已被广泛种植，江西省赣南地区的刺葡萄分布极为广泛并具有一定代表性（石雪晖等，2010）。山西省清徐葡萄产区位于北纬37°28′～47′，东经112°10′～38′，是我国历史葡萄优势产区之一，其地貌依山面川，冬季干冷漫长，历史最低气温达－25.5℃（1958年1月16日）。2013年全国葡萄产业技术体系会议上，岗位专家唐晓萍研究员在经过数十年的种质资源调查和搜集基础上，报道了在山西省太岳山区搜集到十分宝贵的当地特色野生种质资源3个种，6份资源，抗寒性表现强（可在－20～－25℃露地越冬），目前已定植在国家果树种质资源太谷葡萄圃。刺葡萄适应性强，耐高温、高湿，对炭疽病（王跃进等，2002）、灰霉病（段慧，2013）、黑痘病（王跃进等，1987）、白粉病（王跃进等，1997）、白腐病（张颖等，2013）等病害具有很强的抗性，是一种耐湿热、抗病育种的宝贵资源。

## （二）野生葡萄种质资源收集和保存

众多的葡萄育种科学家一直对野生葡萄的收集、资源特性发掘与利用工作饶有兴趣，在中国葡萄野生资源遗传多样性（Luo et al.，2001）、抗性基因的克隆和鉴定分析（王跃进，1997；王西平等，2007；Fan et al.，2008）及野生葡萄的品种选育（Tian et al.，2008；Zhang et al.，2009；Ji et al.，2015）等多个方面都进行了大量的研究。目前，关于野生葡萄种质资源的研究已取得了一定的成绩，而如何能够合理有效地利用这些宝贵资源仍是当今主要研究的方向之一。

**1. 野生葡萄种质资源收集**　课题组于2015年和2016年3～8月份，通过野外调查采样，收集到野生葡萄资源共计30份，根据植物形态学分类鉴定属于葡萄科（Vitaceae）蛇葡萄属（*Ampelopsis* Michx），乌头叶蛇葡萄野生葡萄收集地点位置坐标见表4。

### 表 4 2015 和 2016 年野生葡萄的采集

| 编号 | | 位置坐标 | | 海拔（m） | 数量（棵） |
|---|---|---|---|---|---|
| 1 | N | 110°46′27″，E | 35°31′13″ | 419.5 | 2 |
| 2 | N | 110°46′27″，E | 35°31′13″ | 425.8 | 8 |
| 3 | N | 110°46′28″，E | 35°31′13″ | 427.6 | 1 |
| 4 | N | 110°46′28″，E | 35°31′13″ | 425.4 | 1 |
| 5 | N | 110°46′28″，E | 35°31′13″ | 424.1 | 1 |
| 6 | N | 110°46′26″，E | 35°31′13″ | 423.4 | 1 |
| 7 | N | 110°46′27″，E | 35°31′12″ | 426.4 | 1 |
| 8 | N | 110°46′27″，E | 35°31′12″ | 425.3 | 1 |
| 9 | N | 110°46′27″，E | 35°31′12″ | 425.3 | 1 |
| 10 | N | 110°46′28″，E | 35°31′12″ | 423.1 | 1 |
| 11 | N | 110°46′28″，E | 35°31′17″ | 417.6 | 3 |
| 12 | N | 110°46′28″，E | 35°31′17″ | 414.9 | 1 |
| 13 | N | 110°46′28″，E | 35°31′17″ | 411.5 | 2 |
| 14 | N | 110°46′28″，E | 35°31′17″ | 412.6 | 2 |
| 15 | N | 110°46′28″，E | 35°31′17″ | 410.7 | 2 |
| 16 | N | 110°46′28″，E | 35°31′17″ | 433.4 | 3 |
| 17 | N | 110°46′28″，E | 35°31′17″ | 375.3 | 1 |
| 18 | N | 110°46′28″，E | 35°31′17″ | 379.9 | 2 |
| 19 | N | 110°46′23″，E | 35°31′5″ | 390.9 | 1 |
| 20 | N | 110°46′23″，E | 35°31′5″ | 373.0 | 1 |
| 21 | N | 110°46′23″，E | 35°31′5″ | 368.9 | 1 |
| 22 | N | 110°46′23″，E | 35°31′5″ | 369.7 | 1 |
| 23 | N | 110°46′23″，E | 35°31′5″ | 374.8 | 1 |
| 24 | N | 110°46′23″，E | 35°31′5″ | 372.7 | 1 |
| 25 | N | 110°46′26″，E | 35°31′4″ | 382.0 | 2 |
| 26 | N | 110°46′27″，E | 35°31′3″ | 393.6 | 1 |
| 27 | N | 110°46′25″，E | 35°31′3″ | 388.2 | 1 |
| 28 | N | 110°46′25″，E | 35°31′3″ | 389.5 | 2 |
| 29 | N | 110°46′22″，E | 35°31′11″ | 393.3 | 1 |
| 30 | N | 110°46′28″，E | 35°31′11″ | 398.6 | 2 |

野生葡萄生物学性状如图 4 所示。树体为多年生木质藤本，茎细长，呈圆柱形，有皮孔，嫩枝有纵棱纹；卷须相隔两节间断与叶对生。其根部外皮呈褐色，内皮淡粉至白色，具黏性。花序为伞房状复二歧聚伞花序，与叶对生；花序梗长 1.5～3.5cm，花梗长 1.0～2.5mm；花蕾卵圆形，高 2～3mm，顶端圆形；花瓣 5 片，高 1.5～2.5mm，无毛；雄蕊 5 个，花药卵圆形，长宽近相等；花盘发达，边缘呈凹陷状。果实呈近球形，直径 0.6～0.8cm，含种子 2～3 颗，种子倒卵圆形，种脐在种子背面中部呈近圆形。山西河津地区该野生葡萄花期 5～6 月，果期 7～9 月。在野生葡萄收集过程中，根据叶片形态可将野生葡萄分为三类（图 4f）：Ⅰ类为掌状裂叶，小叶 3～4 片羽裂，叶正面绿色无毛，叶背浅绿色短毛着生；将其命名为 JWCL-1。Ⅱ类叶片，小叶 4～5 片羽裂，披针形或菱状披针形，顶端渐尖，基部楔形，中央小叶深裂，有时外侧小叶浅裂或不裂，叶正面绿色无毛或疏生短柔毛，叶背面浅绿色，无短毛着生；叶柄长 1.0～2.5cm，着生疏短毛；将其命名为 JWCL-2。形态 JWCL-1 与 JWCL-2 叶片相比，前者叶片厚度更厚，表面具蜡质感。Ⅲ类叶片与栽培种基本无异。

图 4　野生葡萄种质资源收集与生物学特性研究

a、b、c. 野生葡萄收集前原状　d. 野生葡萄移栽后生长良好　e. 单雌品种种子特性　f.3 种形状葡萄叶片发育动态。标尺为 1cm。

**2. 野生葡萄种质资源鉴定与保存**　课题组在野生葡萄种质资源收集调查的基础上，对其鉴定，结果见表5。选取部分具有代表性的野生葡萄幼苗做好标记，带根际土移栽保存至山西省农业科学院果树研究所太谷国家葡萄种质资源圃、山西省山西农业大学园艺教学试验站葡萄资源圃和山西省河津市夏村葡萄示范园（表6），初步建立野生葡萄种质资源圃，以便进行后续的工作（图5）。野生葡萄资源圃日常管理参照鲜食葡萄管理方法进行，目前生长状况良好。

**表5　野生葡萄种质资源鉴定**

| 品种/系 | 性状描述（种/系、种子类型、抗病性和耐寒性） |
| --- | --- |
| 河津-101~111 | 毛葡萄（*Vitis quinquangularis*）；有核；抗黑痘病、炭疽病；可耐−20℃低温 |
| 河津-201 | 山葡萄（*V. amurensis*）；有核；抗白粉病、黑痘病、灰霉病、白腐病、炭疽病；可耐−25℃低温 |
| 中条-1~3 | 复叶葡萄（*V. Piasezkii*）；有核；抗霜霉病、黑痘病；可耐−20℃低温 |
| SXTXP101~102 | 蘡薁葡萄（*V. thunbergii*）；有核；抗黑痘病、白粉病、炭疽病；可耐−25℃低温 |
| SXTXP201 | 网脉葡萄（*V. wilsonae*）；有核；抗白粉病、黑痘病；可耐−20℃低温 |
| SXTXP301 | 葛藟葡萄（*V. flexuosa*）；有核；抗霜霉病、白粉病、黑痘病；可耐−18℃低温 |
| 绛县-1~6 | 毛葡萄（*V. quinquangularis*）；有核；抗黑痘病、炭疽病；可耐−20℃低温 |

注：山西省清徐葡萄产区位于北纬37°28′~47′，东经112°10′~38′，是我国历史四大葡萄优势产区之一，其地貌依山面川，冬季干冷漫长，历史最低气温达−25.5℃（1958/01/16）。课题组经过数十年的种质资源调查和搜集基础上，筛选出与欧亚种无核葡萄杂交亲和性良好的两性花或单雄性野葡萄（$2n=38$）种质资源25份。经鉴定，这些野生葡萄品种强耐寒（可在−18~−25℃露地越冬）、高抗病，定植后目前生长良好，亟待开发利用。

**表6　2017年野生葡萄种质资源移栽与保存**

| 地点 | 位置坐标 | 海拔（m） | 数量（棵） |
|---|---|---|---|
| 山西省农业科学院果树研究所 | E 112°32′，N 37°23′ | 833.5 | 36 |
| 山西农业大学园艺教学试验站 | E 112°34′，N 37°25′ | 773.3 | 6 |
| 山西省河津市夏村 | E 110°45′，N 35°30′ | 463.0 | 31 |

图5　野生葡萄种质资源保存

a. 野生葡萄幼苗带根挖取后初定植　　b. 定植后当年次月　　c. 定植后次年5月　　d. 定植后次年7月

## （三）不同性别葡萄花器官特性研究

葡萄属植物花型主要有3种：两性花（完全花）、雌能花和雄花，后两种类型称不完全花（贺普超，1999）。目前栽培品种绝大多数都是两性花品种，少数为雌能花品种和雄花品种。在花器官发育的早期阶段，雄花和雌能花在形态学上与两性花无法区分，仅在后期发育阶段存在明显形态差异（Ramos et al.，2014），这正为人们提供了一个很好地研究雌雄异株性别分化分子机制的模型。

### 1. 不同性别葡萄花器官形态学观察

（1）材料与方法　课题组于2017年5月在山西省农业科学院果树研究所国家种质资源太谷葡萄圃（E 112°32′，N 37°23′）分别在花发育的3个时期，stageⅠ（始蕾期：花器官发育初期）、stageⅡ（大蕾期：花器官伸长期，雄蕊花丝不再伸长）和stageⅢ（盛花期，花冠已脱落），采集"北醇"葡萄两性花、"520A"葡萄单雄花和"1613C"葡萄单雌花，在大田及时拍照。

同时，为了深入揭示不同性别花器官的组织形态特征，通过石蜡切片对 3 种性别花器官进一步观察，制作方法如下：

①取材与固定：选择不同品种、不同处理及不同时期新鲜完整的葡萄花，于 FAA 固定液（90mL 50%无水乙醇＋5mL 冰醋酸＋5mL 福尔马林）中固定 24h 以上。

②洗涤：固定后的材料移入 50%无水乙醇中浸泡 2h。

③脱水与透明：将固定好的材料经 30%、50%、60%、70%、80%、85%、90%、95%、100%、100%乙醇逐级脱水，每级停留 20min。脱水处理后的材料从无水乙醇转入二甲苯—无水乙醇混合液（1/3：2/3，V/V）中停留 15min 后，转入二甲苯—无水乙醇混合液（1/2：1/2，V/V）中停留 15min，再转入二甲苯—无水乙醇混合液（2/3：1/3，V/V）中停留 15min，最后停留在纯二甲苯中 2 次，每次停留 15min，进行透明处理。

④浸蜡、换蜡及包埋：本试验选用熔点为 56～58℃的石蜡，于 60℃下完成浸蜡过程。浸蜡结束后放入 37℃的电热鼓风干燥箱，24～36h 后进行换蜡。换纯蜡共进行 3 次，每次间隔 2h。最后，进行包埋并注明时期和品种。

⑤修块、切片与黏片：将已包埋好的蜡块从包埋盒中取出，按所需切块与修面。把修好的蜡块装在切片机上，厚度设置为 6μm。切成的蜡带平铺于 37℃的摊片机中，蜡带受热伸展后粘于洁净的载玻片，编好记号后放于 37℃的电热鼓风干燥箱中烘干。

⑥脱蜡与染色：首先进行纯二甲苯脱蜡 15min，共 2 次。随后转入二甲苯—无水乙醇混合液（1：1，V/V）停留 15min，在100%、95%、90%、85%、80%、70%乙醇中各停留 2～3min。该试验采用番红与固绿复染，使组织结构易于观察。

另外，将准备开放的成熟花蕾脱水干燥后，剥开花药，取出花粉，制成样品，在 JSM-6390LV 型电子显微镜下进行扫描观察、统计、测量和拍照。

（2）结果

①不同性别葡萄花器官发育动态　由图 6 可以看出，不同性别葡萄花器官在不同发育时期的形态各不相同。3 种性别葡萄花均为 5～7 枚雄蕊，花药 4 室，子房 2 心室，每室各 2 个胚珠。葡萄花发育的始蕾期（stage I），单雄花形态上显著小于单雌花和两性花，两性花最大；花蕾膨大期（stage II），单雄花较为瘦长，两性花比其他两种花器官饱满，单雌花的子房显著膨大，花丝停止伸长，柱头高于雄蕊；而单雄花的雄蕊伸长速度快于雌蕊，且花药内部的药室体积迅速增大，子房开始逐渐退化；两性花的子房逐渐膨大，花丝伸长，花药发育体积增大；盛花期（stage III），单雌花内部子房继续膨大，胚珠发育形态完全，柱头发育成圆球形，花丝短、弯曲反折且低于子房，花药干瘪，而单雄花的花药进一步增大，花丝直立、长，子房完全退化，胚珠停止发育且退化，柱头严重枯萎，无花柱；两性花子房继续膨大，胚珠发育完全，柱头伸长，花药发育成熟，花器官表现为子房上位，花药与柱头齐平或略高于柱头，由花梗、花托、花萼、蜜腺、子房、花丝、花药、柱头组成，圆形的蜜腺 5 个，雄蕊 5～7 个；花瓣至顶部合生形成帽子，开花时基部掉落，花瓣花基部的花萼合生。雌能花与两性花的花柱为浅裂状，雌能花的花丝相对两性花和雄花的花丝短。因此，从花器外观形态可判断葡萄花器官的性别。

②不同性别葡萄花粉粒形态观测　由图 7 可以看出，单雌花花粉粒畸形率较高，大多呈不规则形（如多凹凸体、空瘪球形、半月球形及其他畸形等），而两性花和单雄花呈长椭圆形、纹饰均为穴状，两性花和雄能花的萌发孔均为三沟孔型，雌花无萌发沟。另外，花粉活力测定结果表明，单雌花花粉不能正常萌发，无活力，这与电镜观察结果是相吻合的；雄能花与两性花花粉均能萌发，但在萌发率、萌发速度表现有一定的差异，但不达显著水平。

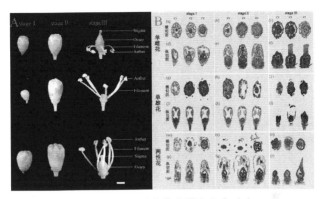

图 6　不同性别葡萄花器官发育动态

A. 不同性别花器官发育动态直拍图　B. 不同性别花器官发育动态石蜡切片
stageⅠ、stageⅡ和stageⅢ分别表示样品采集的 3 个不同时期，stageⅠ（始蕾期：
花器官发育初期）、stageⅡ（大蕾期：花器官伸长期，雄蕊花丝不再伸长）和
stageⅢ（盛花期，花冠已脱落）；（a）～（c）横切面，（d）～（f）纵切面；C1、C2、
C3 分别表示同一个花器官的不同深度层面。误差棒＝1mm。

　　雄花花粉粒饱满，花呈长椭圆形，表面较光滑，存在 3 条萌
发沟，有明显孔穴，孔穴分布不均匀、大小不一，形状无规则，
属于穿孔纹饰类型；花粉活性较强（图 7B）。相反，雌花花药产
生的花粉粒大多呈不规则形（如多凹凸体、空瘪球形、半月球形
及其他畸形等），无萌发沟，表面较光滑，纹饰均为网状，网的
大小与孔径无规则，轮廓线与网沟比较清晰，属于网状纹饰；花
粉通常不育（图 7A）。

图 7　不同性别葡萄花粉粒形态
A. 单雌花花粉粒　B. 单雄花花粉粒　C. 两性花花粉粒

## 2. 不同性别葡萄花器官激素动态变化

（1）方法　将不同发育时期的3种性别葡萄花器官，样品做好标记后立即放入液氮中速冻，－80℃保存备用。激素测定等室内试验于山西农业大学园艺学院果树栽培与分子生物学实验室进行。

（2）结果　不同性别花器官激素动态变化如图8所示。在不同性别花器官生长发育的3个不同时期（stageⅠ、stageⅡ、stageⅢ）中，ABA含量（52.106～84.443ng/g·FW）显著高于其他激素；其次为IAA（10.076～29.020ng/g·FW）、JA-ME（4.817～15.232ng/g·FW）等。其中，BR含量：在Ⅰ时期，单雄（4.395ng/g·FW）＞两性（4.188ng/g·FW）＞单雌（3.467ng/g·FW）；Ⅱ时期，两性（4.519ng/g·FW）＞单雌（3.822ng/g·FW）＞单雄（3.645ng/g·FW）；Ⅲ时期，单雄（4.415ng/g·FW）＞两性（3.164ng/g·FW）＞单雌（2.900ng/g·FW）。不同性别花器官中BR含量在各生长发育时期均存在显著性差异，单雄花中BR含量在Ⅰ、Ⅲ时期均显著高于单雌和两性，而Ⅲ时期两性花中含量显著高于单雌和单雄，表明随着花器官的生长，BR含量高更有利于花器官中雄蕊的生长发育。反之，在单雌花中，各个发育时期的BR含量均较低，即花器官中BR含量低的时候，在这种环境下雄蕊的生长会受到一定的抑制。

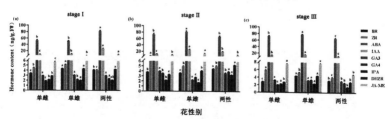

图8　不同性别花器官激素动态变化

BR：油菜素内酯　ZR、DHZR：玉米素　ABA：脱落酸　IAA：生长素

GA₃、GA₄：赤霉素　IPA：细胞分裂素　JA-ME：茉莉酸甲酯

ZR 含量：在Ⅰ时期，单雄（5.170ng/g·FW）＞单雌（4.544ng/g·FW）＞两性（4.155ng/g·FW）；Ⅱ时期，单雌（6.817ng/g·FW）＞两性（5.097ng/g·FW）＞单雄（5.020ng/g·FW）；Ⅲ时期，单雌（5.944ng/g·FW）＞单雄（5.345ng/g·FW）＞两性（4.123ng/g·FW）。不同性别花器官中 ZR 含量在各生长发育时期均存在显著性差异，单雌花中 ZR 含量在Ⅱ、Ⅲ时期均为显著高于单雄和两性，而Ⅰ时期单雄花中含量显著高于单雌和两性，表明随着花器官的生长，ZR 含量高更有利于花器官中雌蕊的生长发育。反之，在单雄花中，发育后期的 ZR 含量较低，即花器官中 ZR 含量低时，在这种环境下雌蕊的生长会受到一定的抑制。

ABA 含量：在Ⅰ时期，两性花（84.443ng/g·FW）＞单雌（53.974ng/g·FW）＞单雄（52.106ng/g·FW）；Ⅱ时期，单雄（82.697ng/g·FW）＞单雌（74.695ng/g·FW），两性（68.829ng/g·FW）；Ⅲ时期，单雄（78.287ng/g·FW）＞单雌73.757ng/g·FW＞两性（67.274ng/g·FW）。不同性别花器官中 ABA 含量在各生长发育时期均存在显著性差异，单雄花中 ABA 含量在Ⅱ、Ⅲ时期均显著高于单雌和两性，而Ⅰ时期两性花中含量显著高于单雌和单雄，表明随着花器官的生长，ABA 含量高更有利于花器官中雄蕊的生长发育。反之，在单雌花中，各个发育时期的 ABA 含量较低，即花器官中 ABA 含量低时，在这种环境下雄蕊的生长会受到一定的抑制。

IAA 含量：在Ⅰ时期，两性（29.020ng/g·FW）＞单雄（11.760ng/g·FW）＞单雌（10.076ng/g·FW）；Ⅱ时期，单雄（27.564ng/g·FW），两性（20.878ng/g·FW）＞单雌（12.745ng/g·FW）；Ⅲ时期，单雄（17.041ng/g·FW）＞单雌（14.645ng/g·FW）＞两性（12.986ng/g·FW）。不同性别花器官中 IAA 含量在各生长发育时期均存在显著性差异，单雄花中 IAA 含量在Ⅱ、Ⅲ时期显著高于单雌和两性，而Ⅰ时期两性花

中含量显著高于单雌和单雄，表明随着花器官的生长，IAA 含量高更有利于花器官中雄蕊的生长发育。反之，在单雌花中，发育后期的 IAA 含量较低，即花器官中 IAA 含量低时，在这种环境下雄蕊的生长会受到一定的抑制。

GA$_3$ 含量：在 Ⅰ 时期，单雄（3.101ng/g · FW）＞两性（3.023ng/g · FW）＞单雌（2.971ng/g · FW）；Ⅱ 时期，单雌（4.020ng/g · FW）＞两性（3.697ng/g · FW）＞单雄（2.316ng/g · FW）；Ⅲ 时期，单雌（3.277ng/g · FW）＞单雄（3.251ng/g · FW），两性（3.095ng/g · FW）。在 Ⅰ 时期单雄花中 GA$_3$ 含量最高，但与其他无显著性差异，而在 Ⅱ、Ⅲ 时期单雌花中 GA$_3$ 含量在这两个时期均显著高于单雄和两性，表明随着花器官的生长，GA$_3$ 含量高更有利于花器官中雌蕊的生长发育。反之，在单雄花中，发育后期的 GA$_3$ 含量较低，即花器官中 GA$_3$ 含量低时，在这种环境下雌蕊的生长会受到一定的抑制。

GA$_4$ 含量：在 Ⅰ 时期，两性（2.444ng/g · FW）＞单雄（2.267ng/g · FW）＞单雌（1.951ng/g · FW）；Ⅱ 时期，两性（3.945ng/g · FW）＞单雌（3.586ng/g · FW）＞单雄（2.813ng/g · FW）；Ⅲ 时期，单雄（3.403ng/g · FW）＞两性（2.663ng/g · FW）＞单雌（2.084ng/g · FW）。不同性别花器官中 GA$_4$ 含量在各生长发育时期均存在显著性差异，两性花中 GA$_4$ 含量在 3 个时期均显著高于单雌和单雄，表明 GA$_4$ 有利于促进花器官中雄蕊和雌蕊的共同生长发育。反之，在单雌花和单雄花中，各个发育时期的 GA$_4$ 含量均较低，即花器官中 GA$_4$ 含量低时，在这种环境下雄蕊和雌蕊的生长在不同程度上会受到一定的抑制。

IPA 含量：在 Ⅰ 时期，单雌花（2.212ng/g · FW）＞两性（2.125ng/g · FW）＞单雄（2.074ng/g · FW）；Ⅱ 时期，两性（3.340ng/g · FW）＞单雌（2.223ng/g · FW）＞单雄（1.774ng/g · FW）；Ⅲ 时期，单雄（2.376ng/g · FW）＞单雌（2.306ng/g · FW）＞两性（1.531ng/g · FW）。不同性别花器官中 IPA 含量在各

生长发育时期均存在显著性差异，在Ⅰ时期单雌花中 IPA 含量显著高于单雄和两性，在Ⅱ、Ⅲ时期 IPA 含量分别在两性花和单雄花中显著高于其他，由此无法明确该激素含量的高低与雄蕊和雌蕊的生长发育之间的相关关系。

DHZR 含量：在Ⅰ时期，单雄（4.361ng/g·FW）＞两性（4.291ng/g·FW）＞单雌（2.948ng/g·FW）；Ⅱ时期，两性（5.249ng/g·FW）＞单雄（4.103ng/g·FW）＞单雌（3.339ng/g·FW）；Ⅲ时期，单雄（4.488ng/g·FW）＞两性（2.867ng/g·FW）＞单雌（2.796ng/g·FW）。不同性别花器官中 DHZR 含量在各生长发育时期均存在显著性差异，在Ⅰ、Ⅲ时期单雄花中 DHZR 含量显著高于单雌和两性，而Ⅱ时期的两性花中含量显著高于单雌和单雄，表明 DHZR 含量高更有利于花器官中雄蕊的生长发育。反之，在单雌花中，各时期的 DHZR 含量均较低，即花器官中 DHZR 含量低时，在这种环境下雄蕊的生长发育会受到一定的抑制。

JA-ME 含量：在Ⅰ时期，两性（10.781ng/g·FW）＞单雄（6.453ng/g·FW）＞单雌（5.738ng/g·FW）；Ⅱ时期，单雄（15.232ng/g·FW）＞两性（10.747ng/g·FW）＞单雌（10.332ng/g·FW）；Ⅲ时期，单雄（7.732ng/g·FW）＞单雌（7.572ng/g·FW）＞两性（4.817ng/g·FW）。不同性别花器官中 JA-ME 含量在各生长发育时期均存在显著性差异，在Ⅱ、Ⅲ时期单雄花中 JA-ME 含量均显著高于单雌和两性，而Ⅰ时期两性花中含量显著高于单雌和单雄，表明随着花器官的生长，JA-ME 含量高更有利于花器官中雄蕊的生长发育。反之，在单雌花中，发育后期的 JA-ME 含量较低，即花器官中 JA-ME 含量低时，在这种环境下雄蕊的生长会受到一定的抑制。

由此可知，在测定的 9 种内源激素中，除 IPA 尚不明确外，其余种类激素均表现与葡萄花器官的性别分化密切相关，并且在不同程度上影响着雄蕊和雌蕊的生长发育。

### 3. 葡萄 MYB 基因家族及其对花器官性别分化调控的分析

（1）试验方法　将不同发育时期的 3 种性别葡萄花器官样品，做好标记后立即放入液氮中速冻，−80℃保存备用，以进行转录组测序，每个样本设置 3 组生物学重复。将保存好的样品提取 RNA 后，送至北京百迈客生物科技有限公司（http：//www. biomarker. com. cn/）进行 Illumina HiSeq 2500 测序平台转录组测序及测序数据分析。

（2）结果与分析　课题组通过对转录组测序结果与基因组数据库 Phytozome12.1 比对分析，得到'北醇'葡萄中功能注释为花器官发育相关的 *MADS-box* 基因及其序列与其在花器官生长发育过程中各个时期的表达水平，筛选出 4 个表达量较高的 *MADS-box* 基因 *VIT_18s0001g01760*、*VIT_10s0003g02070*、*VIT_14s0083g01050*、*VIT_15s0048g01270* 作为研究对象，并对其进行生物信息学分析。利用 GSDS 在线工具绘制葡萄 *MADS-box* 基因外显子—内含子结构示意图；选取每个葡萄 *MADS-box* 基因起始密码子上游 1 500bp 的片段为启动子区，在 PlantCARE 中输入相关信息进行启动子顺式作用元件预测，进而分析每个基因潜在的生物学功能。根据转录组测序数据分析，将 4 个 *MADS-box* 基因在'北醇'葡萄两性花花器官不同发育阶段的相对表达量制作箱线图并进行显著性分析。选取拟南芥、桃、苹果、黄瓜等 4 种植物中已有报道的 7 个 *MADS-box* 花发育相关基因，利用 MEGA 7.0 软件对'北醇'葡萄 *MADS-box* 基因进行多序列比对，构建系统进化树。使用 DNAMAN 软件翻译 4 个 *MADS-box* 基因得到对应的蛋白质序列；运用 ProtParam Tool 在线软件分析 *MADS-box* 蛋白理化性质分析；使用 ProtScale 和 TMpred 分别进行亲疏水性及蛋白跨膜结构分析；*MADS-box* 蛋白亚细胞定位分析使用 PSORT Ⅱ 软件；将 *MADS-box* 氨基酸序列输入 CDD 软件分析 *MADS-box* 蛋白结构域；SOPMA 预测 *MADS-box* 蛋白二级结构，蛋白三级结构建模使用 SWISS-MODEL。

　　*MADS-box* 转录因子作为一类非常重要的转录调控因子，在植物生长发育过程中发挥着关键性的作用（胡月苗等，2016；胡加谊，2017）。有关研究表明，*MADS-box* 转录因子成员 *MADS-box* 基因广泛参与植物根、叶、花、果实等的发育，尤其在果树花器官生长发育过程中扮演着重要的角色（赵兴富等，2015），如 Tian 等（2015）在苹果中克隆得到 *MdMADS5* 基因，发现其与拟南芥 *AP1* 具有高度同源性，将该基因转入拟南芥后使拟南芥开花时间提前、花序变短、簇生叶减少；拟南芥中 *AT3G04960* 基因的表达在成花诱导中起到十分重要的作用，并与花同源异型基因相关（杨黎等，2015）；桃中 *PpMADS11*、*PpMADS12*、*PpMADS19* 三个基因在萼片、雄蕊及花瓣等花器官发育中均有表达（李慧峰等，2016）；黄瓜中 *CUM26* 基因对花器官的生长发育具有重要影响，其表达主要与花瓣和雄蕊的发育有关（Sun et al.，2016）。葡萄花器官中同样存在着大量参与花发育调控的 *MADS-box* 基因，其中包含了花发育 ABCDE 模型中的各类基因（Grimplet et al.，2016）。

　　①葡萄 *MADS-box* 基因结构与启动子顺式作用元件分析。对 4 个葡萄 *MADS-box* 基因进行基因组结构分析，其内含子—外显子结构显示（图 9），4 个 *MADS-box* 基因均含有内含子和外显子结构，*VIT_18s0001g01760* 与 *VIT_10s0003g02070* 都具有 6 个内含子，其中 *VIT_10s0003g02070* 有较长的上游序列；*VIT_14s0083g01050* 和 *VIT_15s0048g01270* 的基因结构较为相似，基因长度相差较小，均含有 7 个内含子。4 个基因的 CDS 区域均较为分散，呈现断裂基因特征。

　　启动子是决定基因转录起始的重要作用因子，其序列中包含许多基本作用元件，这些元件可以很好地表现该基因的潜在功能（崔梦杰等，2017）。4 个葡萄 *MADS-box* 花发育相关基因 *VIT_18s0001g01760*、*VIT_15s0048g01270*、*VIT_14s0083g01050*、

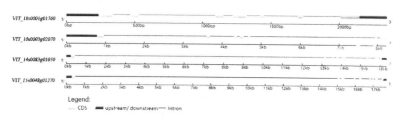

图 9　葡萄 *MADS-box* 基因内含子—外显子结构

*VIT_10s0003g02070* 的启动子序列均包含多种具有不同功能的基本作用元件。本试验选取起始密码子上游 1 500bp 的序列为启动子区，利用 PlantCARE 对 4 个 *MADS-box* 基因进行启动子顺式作用元件分析（表 7）。结果显示，所有启动子顺式作用元件大致可分为 5 类，包括胁迫相关作用元件、组织特异性相关作用元件、光反应相关作用元件、周期节律相关作用元件及激素相关作用元件，这与前人研究一致（崔梦杰等，2017）。比较 4 个 *MADS-box* 基因所含的不同类型作用元件可以发现，不同基因所包含的作用元件总数不同，*VIT_10s0003g02070* 基因最多，包含 60 个启动子作用元件；*VIT_14s0083g01050* 基因最少，仅含有 40 个。此外，除 *VIT_14s0083g01050* 基因缺少周期节律相关元件外，其余基因均含有以上 5 类启动子作用元件；除未知功能的元件外，4 个 *MADS-box* 基因包含的光响应作用元件数量最多，周期节律性相关元件数量最少。

②4 个 *MADS-box* 基因在'北醇'葡萄花器官发育过程中的相对表达水平分析，对'北醇'葡萄两性花生长发育过程中 3 个不同时期的花器官进行转录组测序分析后，得到 4 个 *MADS-box* 基因在各发育阶段的表达水平。4 个基因在'北醇'葡萄两性花生长发育的各个时期均有表达（图 10）。其中，*VIT_18s0001g01760* 基因的表达量在花发育初期最高，然后逐渐降低，且相邻阶段间的表达量存在极显著差异；*VIT_15s0048g01270* 基因的表达量随着花器官的生长发育同样呈现逐

**表7　葡萄 MADS-box 基因启动子作用元件的数量分布**

| 基因名称 | 胁迫相关作用元件 | 组织特异性相关作用元件 | 光反应相关作用元件 | 周期节律相关作用元件 | 激素相关作用元件 | 其他 | 合计 |
|---|---|---|---|---|---|---|---|
| VIT_18s0001g01760 | ARE, MBS, HSE, TC-rich repeats | GCN4-motif, Skn-1-motif[2] | Box 4, CATT-motif, GAG-motif[2], GATA-motif, GT1-motif, Sp1, TC-CC-motif[2] | Circadian[4] | O2-site, TATC-box[3] | 28 | 53 |
| VIT_10s0003g02070 | ARE, HSE, LTR, MBS | CAT-box, Skn-1-motif[6] | Box 4, Box I, G-Box, G-Box[2], GA-motif, GAG-motif, GATA-motif, Sp1[4], I-box, TCCC-motif | Circadian[5] | ABRE, O2-site, P-box, TCA-element | 27 | 60 |
| VIT_14s0083g01050 | ARE, HSE, TC-rich repeats[2] | GCN4-motif, Skn-1-motif | ACE, AE-box, AICT-motif, CATT-motif, G-Box, G-box[2], GAG-motif[2], GATA-motif, Sp1, TCT-motif | — | CGTCA-motif, GARE-motif, O2-site, TCA-element, TGACG-motif | 11 | 40 |
| VIT_15s0048g01270 | ARE[2], MBS[3], TC-rich repeats[3] | CAT-box, Skn-1-motif | 4cl-CMA2b, ACE, AT1-motif, AICT-motif, GT1-motif, G-box, Box I[2], G-Box, I-box, L-box, Sp1, TCT-motif | Circadian | ERE, GARE-motif, P-box, TCA-element | 9 | 41 |
| 总计 | 20 | 14 | 56 | 10 | 19 | 75 | 194 |

注：以上数据不包括基本启动子元件 CAAT-box 和 TATA-box。顺势作用元件上标的数字上标代表该基因中包含该类顺式作用元件的数量，没有数字上标的表该基因中仅包含一个该类顺式作用元件。ARE：厌氧感应调控元件；HSE：热应激诱导的 MYB 结合位点；TC-rich repeats：胁迫响应元件；LTR：低温响应元件；GCN4-motif，Skn-1-motif：参与干诱导表达调控元件；CAT-box：分生组织表达调控元件；Box I，G-Box，I-box，L-box，TCT-motif，AE-box，GA-motif，GAG-motif，GATA-motif，GT1-motif，Sp1，TCCC-motif，光响应元件；Circadian：昼夜节律调控元件；O2-site：新陈代谢调控元件；TATC-box，GARE-motif，P-box：赤霉素响应元件；ERE：乙烯反应元件；TCA-element：水杨酸响应元件；CGTCA-motif，TGACG-motif：茉莉酸甲酯调控元件；ABRE：脱落酸响应元件。

渐下降的趋势，S1 时期其表达量最高，显著高于 S3 时期的表达量，而其在 S2 与 S3 时期的表达量之间无显著差异；*VIT_14s0083g01050* 基因的表达量在 3 个时期内先上升后下降，在 S2 时期达到最高，显著高于 S3 时期，其在 S1 与 S3 时期的表达量之间存在极显著的差异；*VIT_10s0003g02070* 基因的表达量亦呈现先上升后下降的趋势，其在 S1 时期与 S2 时期的表达量均极显著高于 S3 时期，而相邻时期间的表达水平无显著差异。

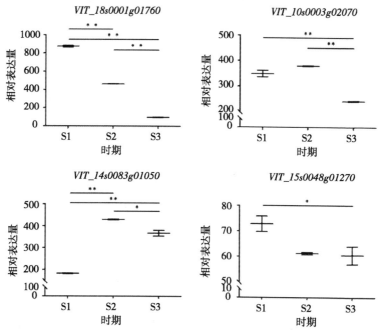

图 10　不同葡萄 *MADS-box* 基因在花器官各发育时期的表达水平
注：＊表示在 $p < 0.05$ 水平上存在显著差异；＊＊表示在 $p < 0.01$ 水平上存在极显著差异。

③葡萄 *MADS-box* 基因与其他植物 *MADS-box* 花发育相关基因系统进化树分析。将 4 个葡萄 *MADS-box* 基因与其他植物（拟南芥、桃、苹果、黄瓜）的 7 个 *MADS-box* 花发育相关基因

进行系统进化树分析（图 11），发现这 11 个基因被划分为 3 类，拟南芥 *AT3G04960* 基因单为一类，表明其与其他基因同源性较低；*VIT_18s0001g01760* 与黄瓜 *CUM26* 基因聚为一类，二者亲缘关系相近，推测其功能也相近；葡萄的其余 3 个 *MADS-box* 基因与桃的 3 个基因 *PpMADS11*、*PpMADS12*、*PpMADS19* 及苹果 *MdMADS5* 基因、拟南芥 *AP1* 基因聚为一类，但亲缘关系较远、同源性不高。

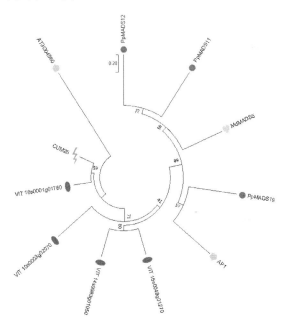

图 11　拟南芥、桃、苹果、黄瓜、葡萄 *MADS-box*
花发育相关基因系统进化树

拟南芥；桃；苹果；黄瓜；葡萄

④葡萄 *MADS-box* 基因信息与蛋白理化性质分析。通过葡萄转录因子数据库检索，4 个葡萄 *MADS-box* 基因的基本信息、蛋白质分子量及理论等电点理化性质（表 8）。结果表明，4 个

*MADS-box* 基因分别位于 10、14、15、18 号 4 条染色体上的不同位点。4 个 *MADS-box* 基因的基因序列长度相差较大，最长的为 17 753bp，最小的只有 2 354bp；*VIT_15s0048g01270* 和 *VIT_14s0083g01050* 基因所翻译的氨基酸序列相同且最长，均包含 244 个氨基酸，*VIT_18s0001g01760* 所翻译的氨基酸序列最短，有 212 个氨基酸；4 个基因相应的蛋白质相对分子质量在 21 559.70～27 762.63Da 之间，CDS 序列长度范围在 639～735bp 之间；通过等电点预测可以发现，4 个 *MADS-box* 基因均呈碱性。

**表 8    不同葡萄 *MADS-box* 基因信息与蛋白理化性质**

| 基因 | 染色体位置 | 基因长度 (bp) | 氨基酸数目 | CDS 序列长度 (bp) | 等电点 (pI) | 相对分子质量 (Da) |
|---|---|---|---|---|---|---|
| *VIT_18s0001g01760* | 18 | 2 354 | 212 | 639 | 7.19 | 21 559.70 |
| *VIT_10s0003g02070* | 10 | 8 239 | 226 | 681 | 9.47 | 26 194.48 |
| *VIT_14s0083g01050* | 14 | 16 327 | 244 | 735 | 9.18 | 27 762.63 |
| *VIT_15s0048g01270* | 15 | 17 753 | 244 | 735 | 9.07 | 27 762.63 |

⑤葡萄 *MADS-box* 蛋白跨膜结构与亲疏水性分析。运用 TM-pred 在线软件预测各基因编码蛋白的跨膜结构。由图 12 可知，*VIT_18s0001g01760*、*VIT_10s0003g02070*、*VIT_14s0083g01050*、*VIT_15s0048g01270* 蛋白的分值均小于 500，则表明 4 个蛋白质均不存在跨膜结构。

蛋白质的疏水性是指多肽链在细胞质的水介质中折叠形成球状蛋白质时，疏水性的氨基酸残基倾向于排布在分子的内部，其在蛋白结构和功能中起着十分重要的作用（张建成等，2018，http://kns.cnki.net/KCMS/detail/46.1068.S.20180310.1719.024.html）。通过 ProtScale 在线软件预测蛋白亲疏水性（图 13），结果显示，*VIT_15s0001g01760* 蛋白第 45 位氨基酸疏水性最大值

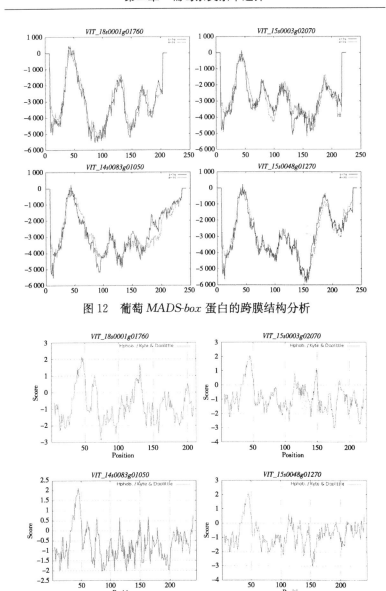

图 12 葡萄 *MADS-box* 蛋白的跨膜结构分析

图 13 葡萄 *MADS-box* 蛋白的亲疏水性预测

为 2.122；第 74 位氨基酸亲水性最大值为－2.889；VIT_10s0003g02070 蛋白第 45 位氨基酸疏水性最大值为 2.089；第 176 位氨基酸亲水性最大值为 3.022；VIT_14s0083g01050 蛋白第 45 位氨基酸疏水性最大值为 2.122；第 13、85、86、127 位氨基酸亲水性均最大值为－2.033；VIT_15s0048g01270 蛋白第 45 位氨基酸疏水性最大值为 2.122；第 153 位氨基酸亲水性最大值为－3.067。同时，4 个蛋白亲疏水性分值的平均值都小于 0，则表明四者均为亲水性蛋白。

⑥葡萄 MADS-box 蛋白结构域与亚细胞定位分析。用 NCBI 网站 CCD 工具分析 4 个蛋白的保守结构域（图 14），结果表明 4 个蛋白均属于 MADS 与 K-box 家族，包含 MADS_MEF2-like 和 K-box 功能位点。然而，由于各个蛋白序列存在差异，其对应的保守结构域位置亦有所不同。

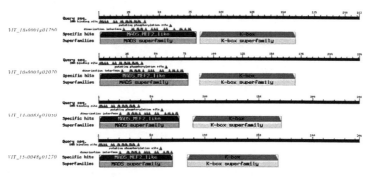

图 14　葡萄 MADS-box 蛋白保守结构域分析

利用在线软件 PSORT II 对 4 个葡萄 MADS-box 蛋白进行亚细胞定位分析（表 9），结果显示，VIT_18s0001g01760 蛋白定位于细胞核（60.9%）、细胞质（17.4%）、线粒体（13.0%）、细胞骨架（4.3%）、分泌系统囊泡（4.3%）；而 VIT_10s0003g02070、VIT_14s0083g01050、VIT_15s0048g01270 三个蛋白都只定位于细胞核、细胞质、线粒体、细胞骨架中，且比例均相同，分别为

60.9％、17.4％、4.3％。由此可知，4 个 *MADS-box* 基因编码的蛋白均主要存在于细胞核中。

表9 葡萄 *MADS-box* 蛋白亚细胞定位

| 基因 | 定位比例（%） | | | | |
|---|---|---|---|---|---|
| | 细胞核 | 细胞质 | 线粒体 | 细胞骨架 | 分泌系统囊泡 |
| *VIT_18s0001g01760* | 60.9 | 17.4 | 13.0 | 4.3 | 4.3 |
| *VIT_10s0003g02070* | 60.9 | 17.4 | 17.4 | 4.3 | 0 |
| *VIT_14s0083g01050* | 60.9 | 17.4 | 17.4 | 4.3 | 0 |
| *VIT_15s0048g01270* | 60.9 | 17.4 | 17.4 | 4.3 | 0 |

⑦葡萄 *MADS-box* 蛋白二级结构与三级结构预测。利用 SOPMA 软件在线预测葡萄 *MADS-box* 蛋白的二级结构（图15）。4 个蛋白所对应的二级结构均以 α-螺旋（Alpha helix）结构为主；其次均含有延伸链（Extended strand）、β-转角（Beta turn）、无规则卷曲（Random coil）等结构，对比各结构比例见表10。

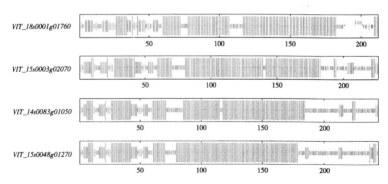

图15 葡萄 *MADS-box* 蛋白二级结构预测

蓝色：α-螺旋；红色：延伸链；绿色：β-转角；紫色：无规则卷曲

**表 10　葡萄 *MADS-box* 蛋白二级结构比例**

| 蛋白质 | 结构比例（%） | | | |
|---|---|---|---|---|
| | $\alpha$-螺旋 | 延伸链 | $\beta$-转角 | 无规则卷曲 |
| *VIT_18s0001g01760* | 57.55 | 13.21 | 7.55 | 21.70 |
| *VIT_10s0003g02070* | 59.73 | 11.95 | 3.54 | 24.78 |
| *VIT_14s0083g01050* | 54.92 | 9.02 | 4.10 | 31.97 |
| *VIT_15s0048g01270* | 54.92 | 10.66 | 4.10 | 30.33 |

　　利用 SWISS-MODEL 软件对 4 个 *MADS-box* 蛋白进行三级结构预测建模（图 16A），结果表明，4 个蛋白空间结构极其相似，均为 *MADS_MEF2* 嵌合体，由两个相同的单螺旋结构蛋白亚基构成（图 16B）。

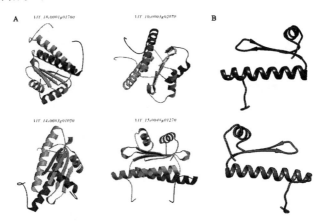

**图 16　葡萄 *MADS-box* 蛋白三级结构预测**
A. *MADS-box* 蛋白三级结构　B. 单螺旋结构蛋白亚基

　　（3）讨论　开花是高等植物生殖生长时期最显著的特征之一，而植物的成花途径是一个十分复杂的系统，在其过程中发挥重要作用的相关基因多达 20 个以上（Zeng et al.，2018）。研究表明，开花植物中各类型的花器官均由花器官特征基因调控，这些基因的转录因子以一种互相配合的方式形成蛋白复合物来表达其功能，进而决定不同类型花器官的形成（Theissen，2010）。*MADS-box* 基因编码的蛋白作为一类数目庞大的转录因子家族，正是通过其内部成员与其他转录因子相互作用形成同源或异源二聚体，调控植物的生长发育（刘菊华等，2010）。葡萄是世界上重要的果树之一，也是继拟南芥、水稻、杨树之后完成基因组测序的第 4 种开花植物（Minio et al.，2017），对其花器官发育机制的探索一直是葡萄相关研究的热点，此举不仅有助于从分子生物学方面揭示葡萄花器官生长发育的本质，提高葡萄花后果实品质，对于推进葡萄基因组的研究也具有十分重要的意义（杨光等，2010）。

大量研究发现，*MADS-box* 基因广泛存在于植物体内各个部分，与植物各生长发育阶段均存在着十分紧密的联系，尤其在植物花器官发育过程中发挥着举足轻重的调控作用（崔梦杰等，2017）。已有研究表明，水稻（Feng et al.，2012）、小麦（焦志鑫等，2017）、番茄（杨贞妮，2017）等植物中存在着众多 *MADS-box* 基因，它们参与并影响花器官的生长与花粉育性，决定着植物的抗性、品质及产量等多种性状（段续伟等，2018）。参照前人研究，本研究分析了 4 个葡萄 *MADS-box* 基因的基因序列，发现其启动子序列中含有多个花发育相关的作用元件，且可大致分为 5 类，具体包括光响应元件、厌氧诱导必需的 ARE 顺式调控作用元件、真菌刺激响应元件、高温胁迫顺式调控作用元件、参与植物生长素响应的顺式调控作用元件、参与胚乳表达及与花分生组织特定激活有关的顺式调控作用元件等，表明葡萄 *MADS-box* 基因的表达可能受厌氧诱导、真菌刺激、植物生长素、高温和光等的调控，并可能在花的分生组织和胚乳中表达。本研究对上述启动子基本作用元件的预测，为基因功能表达的后续研究提供了基础。

葡萄开花是一个相当复杂的系统工程，在葡萄花器官生长发育过程的每个阶段都由大量直接与间接相关的基因参与调控，但不同基因在花发育不同时期的表达模式并不完全相同（段续伟等，2018）。为探明相关基因在花器官各个发育时期的表达情况，本研究对 4 个葡萄 *MADS-box* 基因的表达水平进行了转录组测序分析。结果发现，试验选取的 4 个葡萄 *MADS-box* 基因在'北醇'葡萄花发育的各个阶段均参与了对其的生长调控，其中 *VIT_18s0001g01760* 在葡萄花发育初期的表达水平较高，而系统进化树又表明其与黄瓜已知花发育相关基因 *CUM26* 亲缘关系较近，Kater 等（2001）研究表明在黄瓜中 *CUM26* 基因的表达可促进花瓣和雄蕊的发育，因此可初步推测 *VIT_18s0001g01760* 基因可能同样与葡萄花发育初期具有较高相关性。

试验进一步对 4 个 *MADS-box* 基因编码的蛋白进行理化性质分析，结果发现其跨膜结构、亲疏水性、亚细胞定位、结构域以及二级结构与三级结构预测等均极为相似。4 个 MADS-box 蛋白均不存在跨膜结构，且为亲水性蛋白，主要存在于细胞核中。4 个蛋白均属于 *MADS* 与 *K-box* 家族，包含 *MADS_MEF2-like* 和 *K-box* 功能位点，已有报道表明这两个功能位点与植物开花相关（柳燕等，2017），这为研究葡萄的花发育奠定了基础。在蛋白二级结构和三级结构预测分析中，4 个 *MADS-box* 蛋白二级结构均包括α-螺旋、延伸链、β-转角和无规则卷曲，且主要以α-螺旋为主，而三级结构均是以两个相同的单螺旋结构蛋白亚基构成的 *MADS_MEF2* 嵌合体，与其蛋白保守结构域和二级结构达成一致，为验证其在花器官生长发育过程中的调控作用提供了一定的试验依据。

综上所述，本研究在葡萄花器官转录组测序的基础上，通过对 4 个花发育相关 *MADS-box* 基因进行生物信息学分析，了解了 4 个基因与葡萄花发育的关系，并初步推测葡萄 *MADS-box* 转录因子中的部分成员可能是花发育相关候选基因，为葡萄花发育分子机制与 *MADS-box* 转录因子功能的进一步研究提供了理论基础。

## 二、葡萄杂交母本材料

### （一）育种策略为前提

无核葡萄品种是鲜食、制干、制罐的优良原料，是当前国际葡萄生产和消费的发展方向和趋势（Witalo et al.，2019）。无核性状（Seedlessness）对于葡萄栽培及果实品质来说，是一个优良特征，但种胚早期败育或退化（Aborted or Degentrated）对葡萄杂交育种是极大的阻碍，同时会导致坐果困难而减产（Ji and Wang，2013；Lu et al.，2017）。当前生产上广泛栽培的无核葡萄属欧亚种（*Vitis vinifera* L.），普遍果粒小且不耐寒（Aak et al.，2017；Lin et al.，2019；Zhu et al.，2019）。1999—2013 年，美国联邦政府和各州政府每年通过喷施农药仅用来抑制病害蔓延的投入就远远超过 50 万美元，但是收效并不明显（Alston et al.，2013）。项目申请人前期调研发现，我国北方葡萄下架埋土防寒越冬成本高达 1 000 元/亩左右，严重制约其产业化发展。因此，对现栽无核葡萄品种进行优良性状遗传改良，是葡萄育种工作者的共同目标之一（Jin et al.，2009；Ma et al.，2010；Xin et al.，2013；Liu et al.，2013；Khoshandam et al.，2017）。

### （二）无核葡萄群体类别筛选

无核葡萄胚的发育受基因型严格控制。'假单性结实型'（Pseudo-parthenocarpy）或'种子败育型'（Stenospermacarpy）品种占 85% 左右，这类无核葡萄可经历正常授粉和受精作用，合子胚在发育过程中败育而最终仅残留种痕（Seed trace）（Tang et al.，2018）。而'单性结实型'（Parthenocarpy）品种由于不能形成合子胚，无法遗传给 F1 代，所以在无核葡萄育种中很少研究利用。因此，利用前者作为材料的无核葡萄胚挽救技术，自1982 年 Ramming 等首次用改良 White 培养基获得了 2 株实生苗以来，在全球的发展方兴未艾（周俊等，2017；赵雅楠等，

2018；田淑芬等，2018；Anupa et al.，2017；Li et al.，2018）。它不仅实现了直接以无核葡萄品种作为母本的杂交方式，也有效克服了不同倍性亲本葡萄杂交果实中胚的败育，后代无核概率也得到很大的提高，从而将无核葡萄育种周期缩短了6～8年，节省了育种成本（Agüero et al.，2015）。因此，葡萄胚挽救育种途径选取假单性结实型葡萄作为杂交母本材料。

**（三）杂交母本材料进一步筛选**

由于无核葡萄胚挽救技术体系的建立及优化，在二倍体×二倍体育种策略中，可实现选取二倍体无核葡萄品种作为母本材料；而在二倍体×四倍体育种策略中，本课题组前期的预实验结果表明选取二倍体葡萄品种作为母本材料，三倍体的得率显著较高。另外，不同假单性结实型无核葡萄品种形成合子胚的能力差别很大，从而造成胚挽救成苗率是不一致的。Spiegel-Roy 等（1985）研究表明，在相同培养基和取样时期条件下，以'Flame Seedless'为母本进行胚珠培养获得的胚萌发率和成苗率显著高于以'Perlette'和'Sultanina'为母本；Goldy 等（1987）对10个无核葡萄品种的胚珠进行了离体培养，结果表明胚萌发率从0（'Reliance'）到45%（'Venus'）不等。因此，依据葡萄杂交母本自交材料的胚可挽救性、组合配置的杂交亲和性作为母本材料是进一步具体选择的依据。

# 第三章　葡萄大田杂交

## 一、杂交前葡萄花粉准备

### （一）葡萄花粉的大田采集

**1. 花粉收集前的准备**　将若干个青霉素瓶和大的空药品瓶洗净、烘干后，用报纸严密包裹，将其置于高压蒸汽灭菌锅中，灭菌 1h（温度控制在 121℃）后取出备用。

**2. 花粉收集地概况**　葡萄花粉采集主要在山西省河津市葡萄栽培基地（E 110°46′，N 35°31′，海拔 397m）和山西农业科学院果树研究所国家种质资源葡萄圃（E112°32′，N37°23′，海拔 830m）进行，如图 17 所示。河津市地处山陕高原地带，属于温带大陆性季风气候，年均温为 13.5℃，全年降水量 544.9mm，日照时长 2 328.3h。山西农业科学院果树研究所国家种质资源葡萄圃位于太谷县，属温带大陆性气候，面积有 2.70hm²，年均温为 10.6℃，全年降水量 462.9mm，日照时长 2 300h。

**3. 花粉的采集时期及程序**　于葡萄始花期采集发育良好的花穗（4～5 月份，花穗中 5% 左右的小花开放），除去已经开花和顶部发育较差的花蕾后，搋出花粉，均匀地散落于清洁的硫酸纸盒上，放置在阴凉处晾干（如遇阴雨天则置于日光灯下充分烘干至花粉散出），经 120 目筛子过滤后，经研钵充分研磨破除花粉壁，将各个品种的葡萄花粉分别收集于青霉素小瓶内，用瓶口塞有少量棉花的瓶塞塞紧，并用封口膜密封瓶口，然后在瓶上贴好标签，注明葡萄品种名称及采集时间（图 18）。按照品种将各种花粉收集于装有干燥剂（无水 CaCl₂）的大瓶里，于－4℃贮藏备用。本试验所用花粉来源主要有 3 种：①采自山西省农业科

图 17　葡萄胚挽救杂交花粉采集地点

图 18　葡萄花粉采集

　　a. 花粉采集时期　b. 采集花蕾　c. 搓花蕾　d. 晾干花粉　e. 研磨粉碎
的花蕾　f. 筛出花粉　g. 研磨花粉　h. 装瓶封口，并贴标签

学院果树研究所国家种质资源太谷葡萄圃和河津葡萄基地（主要为中国野生葡萄种质资源及欧亚种四倍体葡萄种质资源）；②采自山西农业大学园艺站种质资源葡萄圃（主要为山西野生葡萄及其他葡萄资源）；③往年采集得到，并于干燥条件下封存在冰箱内的花粉（主要为数量有限、不易多得的葡萄资源，包括新疆瓜果所赠送花粉）。

**（二）葡萄花粉生命力室内鉴定**

**1. 方法** 采用 2，3，5-三苯基氯化四氮唑（TTC）染色法、荧光素二乙酸酯（Fluorescein diacetate，FDA）染色法（赵元杰等，2009）和离体培养法测定葡萄花粉活力，每个处理随机取 3个不少于 100 粒花粉的视野进行统计，重复 3 次。

**2. 结果**

（1）TTC 染色法测定葡萄花粉生命力 通过 TTC 染色法测定葡萄花粉生命力，供试葡萄品种花粉的生命力平均值为 18.8%，多数葡萄品种的花粉生命力介于 15%～20%，其中有 5 个葡萄品种的花粉生命力高于平均值（表 11）。北冰红花粉生命力最强，与户太 8 号花粉生命力差异不显著，但与其他 10 个品种差异显著；SP115 花粉生命力最低，仅为 11.4%，说明其不适用于杂交授粉。不同品种花粉生命力递减梯度依次为：北冰红＞户太 8号＞丽红宝＞山河 3 号＞火州红玉＞山河 1 号＞绛县 10 号＞新郁＞河津野生＞SP275＞火州紫玉＞SP115。

**表 11 TTC 染色法测定的不同葡萄品种花粉生命力**

| 序号 | 品种 | 花粉生命力（%） | 排序 |
| --- | --- | --- | --- |
| 1 | 户太 8 号 | 27.8±2.9ab | 2 |
| 2 | 北冰红 | 31.8±1.6a | 1 |
| 3 | 山河 1 号 | 17.7±1.4cde | 6 |
| 4 | 山河 3 号 | 19.9±2.6cd | 4 |
| 5 | 河津野生 | 15.8±1.0cde | 9 |

（续）

| 序号 | 品种 | 花粉生命力（%） | 排序 |
|------|------|------|------|
| 6 | 绛县 10 号 | 16.8±2.8cde | 7 |
| 7 | SP275 | 13.9±2.1de | 10 |
| 8 | SP115 | 11.4±1.0e | 12 |
| 9 | 新郁 | 16.1±2.0cde | 8 |
| 10 | 火州红玉 | 19.0±1.2cd | 5 |
| 11 | 火州紫玉 | 13.4±1.9de | 11 |
| 12 | 丽红宝 | 22.1±3.0bc | 3 |

注：小写字母不同表示差异达显著水平（$p<0.05$），下同。

（2）FDA 荧光染色法测定葡萄花粉生命力　　通过 FDA 荧光染色法对不同品种葡萄花粉生命力进行测定，结果表明不同葡萄品种的花粉生命力差异较大（表 12），12 个参试葡萄品种的花粉生命力在 17.2%～46.9%，平均为 29.2%。其中 SP115 和绛县 10 号的花粉生命力显著低于其他品种，分别为 17.2% 和 18.2%；而户太 8 号的花粉生命力为 46.9%，显著高于其他品种；12 个参试葡萄品种按花粉生命力强弱排序为户太 8 号＞北冰红＞火州红玉＞丽红宝＞山河 1 号＞山河 3 号＞火州紫玉＞SP275＞新郁＞河津野生＞绛县野生葡萄＞SP115。

**表 12　FDA 荧光染色法测定的不同品种葡萄花粉生命力**

| 序号 | 品种 | 花粉生命力（%） | 排序 |
|------|------|------|------|
| 1 | 北冰红 | 39.4±3.8ab | 2 |
| 2 | 户太 8 号 | 46.9±4.2a | 1 |
| 3 | 火州红玉 | 38.0±1.4bc | 3 |
| 4 | 火州紫玉 | 26.2±2.8def | 7 |
| 5 | 山河 1 号 | 30.9±3.1bcde | 5 |

（续）

| 序号 | 品种 | 花粉生命力（%） | 排序 |
|------|------|----------------|------|
| 6 | 山河 3 号 | 30.1±0.6cde | 6 |
| 7 | 河津野生 | 22.7±3.3ef | 10 |
| 8 | 绛县 10 号 | 18.2±1.5f | 11 |
| 9 | 新郁 | 23.3±1.6def | 9 |
| 10 | SP275 | 25.2±4.2def | 8 |
| 11 | SP115 | 17.2±3.0f | 12 |
| 12 | 丽红宝 | 32.2±2.1bcd | 4 |

（3）不同葡萄品种花粉萌发率差异　供试葡萄品种花粉的平均萌发率为 26.2%，多数葡萄品种的花粉萌发率介于 20%～40%，其中有 5 个葡萄品种的花粉生命力高于平均值（表 13）。户太 8 号花粉萌发率最强，与北冰红花粉生命力差异不显著，但与其他 10 个品种差异显著；SP115 花粉萌发率最低，仅为 7.2%，说明其花粉生命力极低。不同葡萄品种花粉萌发率递减梯度依次为：户太 8 号＞北冰红＞河津野生＞丽红宝＞山河 3 号＞SP275＞山河 1 号＞绛县 10 号＞火州红玉＞新郁＞火州紫玉＞SP115。

**表 13　不同葡萄品种花粉萌发率**

| 序号 | 品种 | 花粉生命力（%） | 排序 |
|------|------|----------------|------|
| 1 | 户太 8 号 | 44.6±2.1a | 1 |
| 2 | 北冰红 | 39.6±1.4ab | 2 |
| 3 | 山河 1 号 | 23.4±1.3cd | 7 |
| 4 | 山河 3 号 | 34.2±0.6b | 5 |
| 5 | 河津野生 | 35.2±3.8b | 3 |
| 6 | 绛县 10 号 | 20.73.2cd | 8 |
| 7 | SP275 | 26.9±0.7c | 6 |

（续）

| 序号 | 品种 | 花粉生命力（%） | 排序 |
|------|------|------|------|
| 8 | SP115 | 7.2±0.5f | 12 |
| 9 | 新郁 | 17.0±3.5de | 10 |
| 10 | 火州红玉 | 18.9±1.2de | 9 |
| 11 | 火州紫玉 | 12.1±2.3ef | 11 |
| 12 | 丽红宝 | 34.4±2.9b | 4 |

（4）葡萄花粉生命力测定方法筛选　以离体培养法测定花粉生命力作为参照，将离体培养法与 TTC 染色法和 FDA 染色法进行比较，结果见图 19 和图 20。3 种测定方法在北冰红、绛县10 号和新郁中均无显著性差异；但在 SP115 中均有显著性差异，花粉生命力顺序为 FDA 染色法＞TTC 染色法＞离体培养法。离体培养法测定的花粉生命力在山河 3 号和河津野生葡萄中显著高于其他两种染色方法，且 TTC 染色法和 FDA 荧光染色法之间无显著差异。TTC 染色法在山河 1 号、火州红玉、火州紫玉中

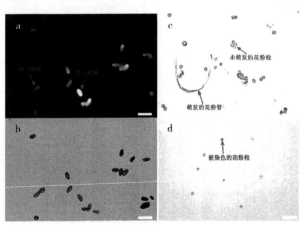

图 19　3 种方法测定葡萄花粉生命力

a、b. FDA 染色法　c. 离体培养法　d. TTC 染色法。Bars＝500μm

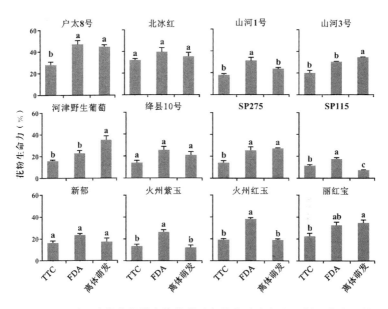

图 20　不同品种葡萄花粉离体培养法与染色法之间的花粉生命力比较

与离体培养法无显著性差异，但与 FDA 荧光染色法呈显著性差异，花粉生命力顺序为 TTC 染色法＝离体培养法＜FDA 染色法。FDA 荧光染色法在户太 8 号和 SP275 中与离体培养法无显著性差异，但与 TTC 染色法呈显著性差异。因此，葡萄花粉生命力的测定中，FDA 荧光染色法比 TTC 染色法更接近于离体培养法的测定结果。

（三）讨论

花粉萌发率的高低直接影响植物授精和结果，因此在开展杂交育种工作之前，有必要对父本花粉生命力进行检测（柴弋霞等，2018；张少伟等，2017）。本试验结果表明，不同品种葡萄花粉生命力具有显著差异。绛县野生葡萄和 SP115 花粉生命力极低，一方面可能是其自身遗传特性导致（苏来曼等，2014），另一方面可能由采集花粉过程中的操作误差导致。户太 8 号、北冰红和火州红玉花粉生命力较高，花粉生命力均能满足杂交要求。

不同方法测定的葡萄花粉生命力差异较大，离体培养法是通过观察花粉管是否萌发，直接判断花粉有无生命力，测定结果较为准确（张少伟等，2017）。TTC 染色法的原理是染液与花粉中的脱氢酶反应，使有生命力的花粉呈现红色（石志棉等，2019）。而 FDA 能够通过细胞膜，并在活细胞中积累荧光素，活细胞将散发绿色荧光（Linhova et al.，2012）。朱金儒等（2016）研究认为，染色法测定结果大多高于培养基萌发法测定结果，但两种测定方法之间存在差异，无法进行比较。本试验结果显示，TTC 染色法测定结果大多与离体培养法测定结果有显著性差异，可能是由不同品种花粉粒的结构有差异，使染色程度差异较大；而 FDA 荧光染色法测定花粉生命力结果比 TTC 染色法更接近离体培养法，且结果直观，便于统计，因此 FDA 荧光染色法适于葡萄花粉生命力的测定。

## 二、葡萄去雄杂交

### （一）葡萄人工去雄

大田人工去雄方法参照贺普超主编《葡萄学》（贺普超，1999：289-291），于 1999 年 5 月在山西省农业科学院果树研究所国家种质资源太谷葡萄圃、山西农业大学园艺站种质资源葡萄圃进行，具体步骤：选择生长健壮、发育一致的葡萄植株做母本，在其开花前 2~3d（花蕾顶端略有膨大，颜色由深绿色转变为黄绿色）开始去雄。选择生长正常、发育基本一致的花穗，一个结果枝只保留一个花穗，以保证其后期生长所需营养供给。左手轻捏住花穗的尾部，以固定花穗，用右手指甲或者镊子等工具轻轻摘掉花冠，注意绝不能损伤柱头，完成后反复检查有无遗漏的花冠，最后弃掉左手捏过的花穗尾部，用手持喷壶喷水冲洗，以去除黏附在柱头上的花粉，同时为柱头保湿，稍晾至不滴水为宜，套袋封口，挂牌标记（图 21）。

图 21　葡萄杂交之人工去雄

a. 人工去雄蕊　b. 去雄后复查　c. 喷水（洗去残余花粉，保持柱头湿润）　d. 套袋并标记

## （二）葡萄化学去雄

化学去雄剂能诱导植物生理型花粉败育（袁佳辰等，2019）。有效的人工化学去雄可阻止雄配子的形成，而雌配子不受影响或影响甚微，从而抑制自花授粉（万恒，2017）。目前，在多种植物的育种实践中其应用效果斐然。例如，小麦（刘海英等，2015）、水稻（Hu et al.，2016）、豇豆（Suman et al.，2018）、狗尾草（Rizal et al.，2015）、菊花（Pal et al.，2018）、寒兰（郑改笑等，2017）等。

葡萄（Vitis spp.）作为世界四大水果之一，备受消费者青睐。选育优异新品种一直是葡萄工作者的重要目标（闫朝辉等，2014）。然而，葡萄为典型的闭花授粉植物，其花器官构造小而紧密，且花期短而集中。目前葡萄杂交育种均采用人工去雄的传统方式，耗时耗力且效果不佳，往往会错过花期，难以保证杂交后代数量，从而严重限制葡萄育种进程（闫朝辉等，2014）。

本试验以早黑宝和火焰无核葡萄的花穗为试材，花前 14d 喷施 3 种不同浓度的马来酰肼、秋水仙素、叠氮化钠后，采用离体萌发法和 FDA 荧光染色法测定花粉生命力和花粉活体萌发情况，并结合花粉、花蕾的结构形态和花蕾中 K、Ca、Mg、B 元素的含量差异，综合分析不同化学去雄处理对葡萄花粉发育和授粉受精的影响，旨在探究葡萄化学去雄的最佳方案，为提升葡萄育种效率提供理论依据和实践指导。

**1. 试验材料**　选取欧亚种葡萄品种早黑宝（Zaoheibao）和火焰无核（Flame seedless）花粉进行生命力、萌发力及形态观测试验。于 2018-04-26～05-26，在山西省晋中市太谷县任村乡郝村葡萄园（37°31′44″N，112°46′5″E，海拔 843m）进行活体萌发试验，要求葡萄植株发育一致、无病虫害。露地、篱架式种植，南北走向，Y 型整形方式，株行距 0.75m×2.20m，南北行向，常规管理，周年无大规模病虫害发生。

葡萄花粉的采集具体参考课题组前期方法进行。从饱满的尚未开放的花蕾中直接取花药，去掉顶部发育不良的花蕾、杂质和破碎的花药，置于硫酸纸上，放在室内阴凉处阴干。经 120 目筛子过滤后，用研钵充分研磨花粉，破除花粉壁，然后把干燥的花粉放入小青霉素瓶中，用封口膜密封，标记日期和品种，装入有干燥剂的瓶中，于−20℃冰箱中保存备用。

**2. 试验设计与处理**　试验设置 3 个浓度梯度的叠氮化钠（Sodium Azide）、马来酰肼（Maleic Hydrazide）和秋水仙素（Colchicine）处理，详见表 14。另设清水处理为对照。试验采取田间随机区组设计，每个处理重复 3 次。相邻处理之间设置 3 株隔离树。花前用手动喷雾器喷施植株花蕾，喷药时用塑料布遮挡相邻小区，处理结束后套袋标记。间隔 48h 重复喷施 1 次。

**3. 试验方法**

（1）葡萄花粉生命力与萌发力的测定　花粉生命力检测采用 FDA 荧光染色法（赵元杰等，2009），计算花粉生命力百分率。呈现黄绿色荧光的花粉视为具有生命力的花粉，视野中不显示荧光的为不具有生命力的花粉或者是不育花粉。黄绿色荧光有强弱之分，生命力较强者荧光十分明亮，生命力较弱者荧光比较暗淡，由此来显示花粉不同的生命力水平。以 18% 蔗糖＋0.01% $H_3BO_3$＋1mM $CaCl_2$＋1mM $Ca(NO_3)_2$＋1mM $MgSO_4$＋0.5% 琼脂的比例配置培养基，进行花粉离体萌发试验，记录各处理花粉萌发数和花粉总粒数，拍照，计算花粉萌发率，取平均值。花粉萌发标准：一般以花粉管长度达到花粉粒直径的 2 倍及以上视为萌发。

$$花粉生命力（\%）=\frac{发出荧光的花粉数目}{明场视野中的花粉总数}\times100\%$$

$$花粉萌发力（\%）=\frac{萌发的花粉数目}{花粉总数}\times100\%$$

（2）葡萄花粉粒、花蕾形态观测　参照张锐等（张锐等，2018）的方法将制成的花粉与花蕾样品黏于带有导电胶带的样品台上，在 JSM-6490LV 电子显微镜下，选择具有代表性的视野进行扫描观察和拍照。

（3）葡萄花粉管生长的荧光观察　葡萄花蕾经去雄药剂处理后，在开花当天将已收集的花粉涂抹于柱头上，授粉后 4h、12h、20h、24h、48h 除去雄蕊、花瓣及萼片，仅取花柱和子房，放入装有 FAA 固定液（90mL 50％无水乙醇＋5mL 冰醋酸＋5mL 福尔马林）的青霉素小瓶中固定保存（Duan Q，et al.，2014）。观察前将 FAA 固定液倒掉，用蒸馏水冲洗 3 次样品，加入 2mg/L NaOH 溶液，置于 60℃的温箱中软化 2h。后将碱液倒掉，再次用蒸馏水冲洗 3 次样品，并加入已配制的 FDA 溶液，染色 2h 以上。最后用解剖刀将样品纵向剖开平铺于载玻片上，用荧光显微镜观察并拍照（雷家军和吴超，2012）。

（4）葡萄花蕾中 K、Ca、Mg 和 B 元素含量测定　新鲜葡萄花样品用超纯水洗净，于电热鼓风干燥箱中（70℃）烘干，粉碎研细，过筛后置于自封袋备用，准确称取干燥后不同处理的样品 0.2g 进行微波消解。采用 ICP-MS 法进行 3 种不同浓度药剂处理的花蕾中 B 元素含量的测定，采用火焰原子吸收光谱法测定 3 种不同浓度药剂处理的花蕾中 K、Ca、Mg 元素含量的测定。

（5）葡萄花的石蜡切片制作　不同浓度马来酰肼、秋水仙素及叠氮化钠处理后的花器官石蜡切片制作参考前人研究（宋红霞等，2018）、（陈利娜等，2017）并结合自身实际操作进行，该试验采用番红染料进行染色，使组织结构易于观察。

（6）数据处理  试验数据的采集和计算均设 3 组生物学重复。采用 Office 2010（版本号 14.0.717 7.5 000）录入数据，IBM SPSS Statistics 21 软件的 Duncan 新复极差法（$p < 0.05$）进行数据差异性分析，分析不同处理间的差异。

### 4. 结果与分析

（1）药剂处理后葡萄花粉生命力的变化  由表 14 和图 22 可知，各喷药处理均可有效降低葡萄花粉生命力。经不同浓度的药剂处理后，早黑宝和火焰无核葡萄花粉生命力平均值分别为：9.8%、13.4%。花前喷施各浓度的秋水仙素、叠氮化钠的参试葡萄花粉生命力均低于其平均值，马来酰肼则相反。其中，喷施叠氮化钠后的花粉生命力低于秋水仙素喷后的花粉生命力。

**表 14  不同浓度药剂对葡萄花粉粒生命力的影响**（平均值±标准误）

| 品种 | 药剂种类 | 药剂浓度 (mg/L) | 花粉数量 (粒) | 有生命力的花粉数（粒） | 生命力 (%) |
|---|---|---|---|---|---|
| | CK | 0 | 36 | 8 | 20.8±1.4a |
| | | $1 \times 10^2$ | 36 | 7 | 18.3±1.1a |
| | 马来酰肼 | $2.5 \times 10^2$ | 24 | 4 | 13.6±1.8b |
| | | $4 \times 10^2$ | 32 | 4 | 12.3±2.7bc |
| | | $5 \times 10^2$ | 42 | 6 | 13.2±0.7b |
| 早黑宝 | 秋水仙素 | $1 \times 10^3$ | 54 | 7 | 12.1±0.6bc |
| | | $2 \times 10^3$ | 42 | 4 | 8.4±0.1cd |
| | | $1.2 \times 10^{-3}$ | 28 | 4 | 7.2±0.5d |
| | 叠氮化钠 | $5 \times 10^{-3}$ | 37 | 1 | 2.8±0.5e |
| | | $2.5 \times 10^{-2}$ | 35 | 0 | 0±0e |

（续）

| 品种 | 药剂种类 | 药剂浓度<br>（mg/L） | 花粉数量<br>（粒） | 有生命力的花粉数<br>（粒） | 生命力<br>（%） |
|---|---|---|---|---|---|
| | CK | 0 | 44 | 14 | $32.1 \pm 1.2a$ |
| | | $1 \times 10^2$ | 42 | 12 | $27.8 \pm 1.9b$ |
| | 马来酰肼 | $2.5 \times 10^2$ | 33 | 9 | $26.3 \pm 0.2b$ |
| | | $4 \times 10^2$ | 42 | 6 | $14.5 \pm 0.9c$ |
| 火焰无核 | | $5 \times 10^2$ | 42 | 5 | $12.0 \pm 0.5cd$ |
| | 秋水仙素 | $1 \times 10^3$ | 41 | 5 | $11.0 \pm 0.1d$ |
| | | $2 \times 10^3$ | 39 | 4 | $9.0 \pm 0.1de$ |
| | | $1.2 \times 10^{-3}$ | 44 | 4 | $9.1 \pm 0.6de$ |
| | 叠氮化钠 | $5 \times 10^{-3}$ | 39 | 3 | $7.3 \pm 0.6e$ |
| | | $2.5 \times 10^{-2}$ | 35 | 2 | $4.2 \pm 1.1f$ |

注：同列不同小写字母表示处理间差异显著（$p < 0.05$）。

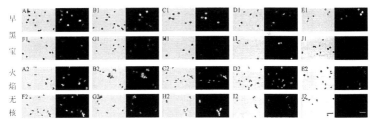

**图 22　不同浓度药剂处理下葡萄花粉生命力观察（Bars＝250μm）**
　　左列为视野中全部的花粉粒；右列为该视野中萌发的花粉粒，且萌发的花粉粒呈现黄绿色荧光。A1、A2：CK；B1、B2：马来酰肼 $1 \times 10^2$ mg/L 处理；C1、C2：马来酰肼 $2.5 \times 10^2$ mg/L 处理；D1、D2：马来酰肼 $4 \times 10^2$ mg/L 处理；E1、E2：秋水仙素 $5 \times 10^2$ mg/L 处理；F1、F2：秋水仙素 $1 \times 10^3$ mg/L 处理；G1、G2：秋水仙素 $2 \times 10^3$ mg/L 处理；H1、H2：叠氮化钠 $1.2 \times 10^{-3}$ mg/L 处理；I1、I2：叠氮化钠 $5 \times 10^{-3}$ mg/L 处理；J1、J2：叠氮化钠 $2.5 \times 10^{-2}$ mg/L 处理

$1.2 \times 10^{-3}$ mg/L 叠氮化钠喷施处理后，参试葡萄的花粉生命力均低于 $2 \times 10^3$ mg/L 秋水仙素处理后的花粉生命力。经 $2.5 \times 10^{-2}$ mg/L 叠氮化钠喷施处理后，早黑宝和火焰无核的花粉生命力最低，均显著低于其他处理。

（2）药剂处理后葡萄花粉萌发力的变化　由表 15 和图 23 可见，不同处理之间早黑宝和火焰无核花粉的萌发率均存在一定的差异。其中，秋水仙素、叠氮化钠两种药剂处理后的早黑宝和火焰无核花粉萌发率均显著低于对照。其中，经 $1.2 \times 10^{-3}$ mg/L 叠氮化钠处理后的花粉萌发率显著低于 $2 \times 10^3$ mg/L 秋水仙素处理后的花粉萌发率。经 $2.5 \times 10^{-2}$ mg/L 叠氮化钠喷施处理后，参试葡萄的花粉生命力最低，均显著低于其他处理。各喷药处理后的早黑宝和火焰无核花粉的萌发速度与对照相比均较慢。两种参试葡萄经马来酰肼和秋水仙素处理后，其花粉萌发速度快慢差异较小，但经叠氮化钠处理后，其花粉萌发速度明显降低。

表 15　不同浓度药剂处理对葡萄花粉粒萌发率的
影响（平均值±标准误）

| 品种 | 药剂种类 | 药剂浓度<br>（mg/L） | 总粒数<br>（粒） | 萌发数<br>（粒） | 萌发率<br>（%） | 萌发速度<br>（粒/h） |
|---|---|---|---|---|---|---|
| 早黑宝 | CK | 0 | 28 | 6 | $19.3 \pm 2.6a$ | 1.0 |
| | 马来酰肼 | $1 \times 10^2$ | 24 | 4 | $16.4 \pm 2.1ab$ | 0.7 |
| | | $2.5 \times 10^2$ | 32 | 5 | $16.0 \pm 1.3abc$ | 0.8 |
| | | $4 \times 10^2$ | 31 | 5 | $14.5 \pm 1.6bc$ | 0.8 |
| | 秋水仙素 | $5 \times 10^2$ | 26 | 4 | $13.5 \pm 0.2bc$ | 0.7 |
| | | $1 \times 10^3$ | 29 | 4 | $12.0 \pm 0.5bc$ | 0.7 |
| | | $2 \times 10^3$ | 26 | 3 | $11.3 \pm 0.8c$ | 0.5 |
| | 叠氮化钠 | $1.2 \times 10^{-3}$ | 24 | 2 | $6.3 \pm 1.5d$ | 0.3 |
| | | $5 \times 10^{-3}$ | 28 | 1 | $3.7 \pm 0.35de$ | 0.2 |
| | | $2.5 \times 10^2$ | 30 | 0 | $0 \pm 0e$ | 0 |

（续）

| 品种 | 药剂种类 | 药剂浓度<br>（mg/L） | 总粒数<br>（粒） | 萌发数<br>（粒） | 萌发率<br>（%） | 萌发速度<br>（粒/h） |
|---|---|---|---|---|---|---|
| | CK | 0 | 24 | 8 | $34.0\pm0.7a$ | 1.3 |
| | | $1\times10^2$ | 27 | 8 | $30.2\pm0.6ab$ | 1.3 |
| | 马来酰肼 | $2.5\times10^2$ | 24 | 6 | $26.0\pm1.9b$ | 1.0 |
| | | $4\times10^2$ | 25 | 5 | $20.5\pm1.3c$ | 0.8 |
| 火焰无核 | | $5\times10^2$ | 31 | 6 | $19.8\pm1.0c$ | 1.0 |
| | 秋水仙素 | $1\times10^3$ | 16 | 3 | $16.0\pm1.7cd$ | 0.5 |
| | | $2\times10^3$ | 28 | 4 | $12.6\pm2.3d$ | 0.7 |
| | | $1.2\times10^{-3}$ | 21 | 2 | $7.0\pm1.4e$ | 0.3 |
| | 叠氮化钠 | $5\times10^{-3}$ | 26 | 1 | $4.2\pm1.2ef$ | 0.2 |
| | | $2.5\times10^{-2}$ | 27 | 1 | $1.6\pm1.6f$ | 0.2 |

注：同列不同小写字母表示处理间差异显著（$p<0.05$）。

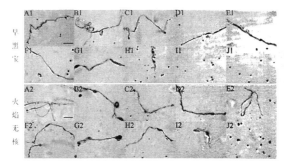

**图 23　不同浓度药剂处理下葡萄花粉体外萌发（Bars＝1mm）**

萌发的花粉粒用星号（＊）表示，未萌发的花粉粒用箭头（→）表示。A1、A2：CK　B1、B2：马来酰肼 $1\times10^2$ mg/L 处理　C1、C2：马来酰肼 $2.5\times10^2$ mg/L 处理　D1、D2：马来酰肼 $4\times10^2$ mg/L 处理　E1、E2：秋水仙素 $5\times10^2$ mg/L 处理　F1、F2：秋水仙素 $1\times10^3$ mg/L 处理　G1、G2：秋水仙素 $2\times10^3$ mg/L 处理　H1、H2：叠氮化钠 $1.2\times10^{-3}$ mg/L 处理　I1、I2：叠氮化钠 $5\times10^{-3}$ mg/L 处理　J1、J2：叠氮化钠 $2.5\times10^{-2}$ mg/L 处理

（3）药剂处理后葡萄花粉体内萌发进程　由图24可知，对早黑宝和火焰无核开花期进行人工授粉后，部分花粉粒表现正常，均可穿过柱头进入花柱。授粉4h、12h后荧光观察到，早黑宝和火焰无核花粉均停留在柱头，未进入花柱。授粉20h后，两品种的花粉体内萌发进程存在差异，早黑宝中多数花粉粒到达花柱的1/3处，火焰无核多数花粉粒到达花柱的1/2处。授粉24h后，早黑宝中多数花粉粒到达花柱的1/2处，火焰无核花粉到达花柱的2/3处。授粉48h后，早黑宝多数花粉粒到达花柱的2/3处，火焰无核花粉已顺利通过花柱，但均未观察到花粉粒进入胚珠的情形。同时，根据花粉粒发出的荧光强弱可知，火焰无核中的花粉粒萌发力较强，早黑宝中的花粉萌发力较弱。

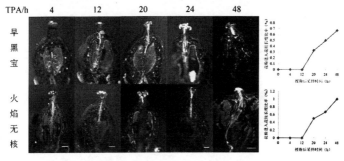

图24　葡萄花粉体内萌发进程（Bars＝1mm）

TPA为授粉后时间；花柱长度为1；黄绿色亮度的强弱表示花粉活力的强弱

（4）药剂处理后葡萄花粉与花蕾扫描电镜观察　由图25可知，未进行药物处理的早黑宝和火焰无核的花粉粒外部形态变化较小，赤道面观呈规则的长椭圆形，极面观表现为钝三角形。2个品种的花粉均存在萌发沟（萌发沟较宽，沟中部无明显凸起），并且花粉粒壁均为孔穴状纹饰。孔穴在花粉壁上的密度分布形式为：中部孔穴分布稀疏，端部孔穴分布密集，即端部的孔穴密度大于中部。不同浓度药物处理后的花粉粒中，存在一些形态不规则的花粉。$2\times10^3$ mg/L 秋水仙素、$2.5\times10^{-2}$ mg/L 叠氮化钠处理后，早黑宝赤道面观外形近似长椭圆形，火焰无核的花粉粒外形虽无发生形变，但较为空瘪。2 个品种的花粉极面观形变较为明显。但 $4\times10^2$ mg/L 马来酰肼处理后的早黑宝和火焰无核花粉粒在外形、表面纹饰、纹饰分布及萌发沟特征等方面均与 CK 组相比没有明显变化（表 15）。

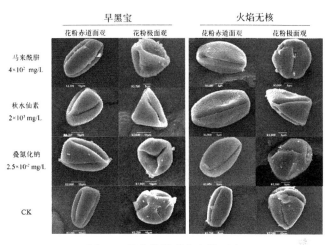

图 25　葡萄花粉形态电镜观察

**表 16　不同浓度药物处理下花粉粒扫描电镜形态描述**

| 品种 | 处理 | 赤道面观 | 极面观 | 表面纹饰 | 纹饰分布 | 有无萌发沟 | 萌发沟特征 |
|------|------|--------|--------|--------|--------|--------|--------|
| 早黑宝 | CK | 长椭圆形 | 钝三角形 | 孔穴状 | 中部孔穴分布稀疏，端部分布密集 | 有（三孔沟） | 萌发沟较宽，沟中部无明显凸起 |
| | 马来酰肼 $4\times10^2$ mg/L | 长椭圆形 | 钝三角形 | 孔穴状 | 中部孔穴分布稀疏，端部分布密集 | 有（三孔沟） | 萌发沟较宽，沟中部无明显凸起 |

（续）

| 品种 | 处理 | 赤道面观 | 极面观 | 表面纹饰 | 纹饰分布 | 有无萌发沟 | 萌发沟特征 |
|------|------|----------|--------|----------|----------|------------|------------|
| 早黑宝 | 秋水仙素 $2\times10^3$ mg/L | 近似长椭圆形 | 锐角三角形 | 孔穴状 | 中部孔穴分布稀疏，端部分布密集 | 有（三孔沟） | 萌发沟较宽，沟中部大多无凸起 |
| | 叠氮化钠 $2.5\times10^{-2}$ mg/L | 近似长椭圆形 | 形变严重 | 孔穴状 | 中部孔穴分布稀疏，端部分布密集 | 有（三孔沟） | 萌发沟较宽，沟中部无明显凸起 |
| 火焰无核 | CK | 长椭圆形 | 钝三角形 | 孔穴状 | 中部孔穴分布稀疏，端部分布密集 | 有（三孔沟） | 萌发沟较宽，沟中部无明显凸起 |
| | 马来酰肼 $4\times10^2$ mg/L | 长椭圆形 | 钝三角形 | 孔穴状 | 中部孔穴分布稀疏，端部分布密集 | 有（三孔沟） | 萌发沟较宽，沟中部无明显凸起 |
| | 秋水仙素 $2\times10^3$ mg/L | 近似长椭圆形 | 钝三角形 | 孔穴状 | 中部孔穴分布稀疏，端部分布密集 | 有（三孔沟） | 萌发沟较宽，沟中部大多无凸起 |
| | 叠氮化钠 $2.5\times10^{-2}$ mg/L | 近似长椭圆形 | 形变严重 | 孔穴状 | 中部孔穴分布稀疏，端部分布密集 | 有（三孔沟） | 萌发沟较宽，沟中部无明显凸起 |

从图 26 中可以观察到，未喷施去雄药剂的花蕾，其柱头发育良好，花柱未见缩短，子房发育正常。但经过不同药剂处理后的花蕾中，其花柱、柱头及子房会有不同程度的形变与损伤。早黑宝和火焰无核花蕾经 $2.5\times10^{-2}$ mg/L 叠氮化钠这两种药剂喷施后形变较为明显，表现为柱头发育不良，花柱缩短，子房严重变形。经 $2\times10^3$ mg/L 秋水仙素处理后的花蕾形变程度次之。

早黑宝　　　　　火焰无核

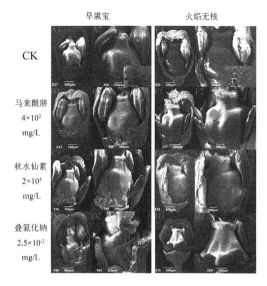

CK

马来酰肼
$4\times10^2$
mg/L

秋水仙素
$2\times10^3$
mg/L

叠氮化钠
$2.5\times10^{-2}$
mg/L

**图26　不同浓度药物处理下葡萄花蕾形态电镜观察**

A1. 未进行药剂处理的早黑宝花蕾　A2. 相同条件下子房放大图　B1. 马来酰肼 $4\times10^2$mg/L 处理的早黑宝花蕾　B2. 相同条件下子房放大图　C1. 秋水仙素 $2\times10^3$mg/L 处理的早黑宝花蕾　C2. 相同条件下子房放大图　D1. 叠氮化钠 $2.5\times10^{-2}$mg/L 处理的早黑宝花蕾　D2. 相同条件下子房放大图　E1. 未进行药剂处理的火焰无核花蕾　E2. 相同条件下子房放大图　F1. 马来酰肼 $4\times10^2$mg/L 处理的火焰无核花蕾　F2. 相同条件下子房放大图　G1. 秋水仙素 $2\times10^3$mg/L 处理的火焰无核花蕾　G2. 相同条件下子房放大图　H1. 叠氮化钠 $2.5\times10^{-2}$ mg/L 处理的火焰无核花蕾　H2. 相同条件下子房放大图

（5）药剂处理后葡萄花中4种元素含量的变化　由表17可知，药剂处理后的早黑宝和火焰无核在小花蕾期、花蕾期和盛花期的花蕾中所含的 K、Ca、Mg、B 含量均低于对照。其中马来酰肼喷施处理后的花蕾中4种元素含量显著高于秋水仙素和叠氮化钠喷施处理后的花蕾中4种元素的含量。3个时期的早黑宝和火焰无核经秋水仙素和叠氮化钠喷施处理后的花蕾中 K、Ca、Mg 元素的含量差异不显著。除 $2\times10^3$mg/L 秋水仙素处理后的小

### 表 17 不同花期、不同处理的早黑宝和火焰无核葡萄花中元素分析（平均值±标准误）

| 品种 | 花期 | 处理 | 浓度<br>(mg/L) | K含量<br>(mg/L) | Ca含量<br>(mg/L) | Mg含量<br>(mg/L) | B含量<br>($\mu$g/L) |
|---|---|---|---|---|---|---|---|
| 早黑宝 | 小花蕾期 | CK | 0 | 137.5±10.4ab | 50.0±4.1a | 25.3±4.9a | 124.5±3.5a |
| | | | $1\times10^2$ | 121.1±1.5bcd | 33.9±1.9bc | 14.6±0.1bc | 107.5±0.5b |
| | | 马来酰肼 | $2.5\times10^2$ | 108.8±8.6cd | 37.3±1.1b | 16.5±1.0bc | 100.6±1.6d |
| | | | $4\times10^2$ | 105.5±7.3d | 38.4±0.2b | 18.0±0.8b | 102.0±2.2bc |
| | | | $5\times10^2$ | 128.7±1.8abc | 32.9±0.3bc | 15.8±0.3bc | 94.5±1.9d |
| | | 秋水仙素 | $1\times10^3$ | 144.5±3.8ab | 35.9±0.7bc | 17.8±0.5b | 89.6±0.9de |
| | | | $2\times10^3$ | 123.2±8.5abcd | 30.4±0.7bc | 14.3±0.4bc | 84.6±2.3ef |
| | | | $1.2\times10^{-3}$ | 126.9±2.2abc | 36.1±1.9bc | 17.0±0.0bc | 81.7±1.7f |
| | | 叠氮化钠 | $5\times10^{-3}$ | 132.6±2.2ab | 28.1±4.7c | 13.6±2.2bc | 68.4±1.2g |
| | | | $2.5\times10^{-2}$ | 115.9±9.1bcd | 31.0±4.4bc | 11.6±1.6c | 62.2±2.3h |
| | 花蕾期 | CK | 0 | 230.8±30.7a | 25.1±2.8bc | 26.7±3.3a | 285.7±0.6a |
| | | | $1\times10^2$ | 157.2±2.7b | 23.2±1.1bc | 13.9±2.5bc | 138.3±0.9b |
| | | 马来酰肼 | $2.5\times10^2$ | 143.8±4.5bc | 29.1±4.7b | 13.3±0.7bc | 120.6±1.5c |
| | | | $4\times10^2$ | 122.8±16.5bcd | 19.5±1.9c | 10.9±0.7bcd | 179.5±4.0d |
| | | | $5\times10^2$ | 105.8±3.5cd | 41.4±0.7a | 10.6±0.1bcd | 120.7±0.8d |
| | | 秋水仙素 | $1\times10^3$ | 106.3±1.5cd | 27.0±2.8bc | 14.8±2.8c | 105.6±1.2e |
| | | | $2\times10^3$ | 105.9±0.4cd | 22.5±0.7bc | 7.5±0.1d | 86.5±1.1f |
| | | | $1.2\times10^{-3}$ | 129.1±23.6bcd | 28.0±3.8bc | 12.0±0.2bcd | 78.0±1.5g |
| | | 叠氮化钠 | $5\times10^{-3}$ | 94.5±5.5d | 27.2±0.8bc | 11.0±0.1bcd | 69.0±1.1h |
| | | | $2.5\times10^{-2}$ | 86.3±0.3d | 21.0±0.3bc | 9.0±0.1cd | 46.5±1.5i |
| | 盛花期 | CK | 0 | 349.2±19.5a | 83.6±2.9a | 52.0±1.9a | 334.1±1.5a |
| | | | $1\times10^2$ | 301.2±9.1ab | 65.5±4.6b | 40.1±0.2b | 224.4±2.0b |
| | | 马来酰肼 | $2.5\times10^2$ | 271.1±14.4bc | 60.7±6.7bc | 29.4±0.6d | 213.8±2.0c |
| | | | $4\times10^2$ | 278.9±28.5bc | 56.9±4.2bcd | 27.6±0.7de | 203.0±3.1d |
| | | | $5\times10^2$ | 227.9±0.4cd | 46.5±5.4cd | 34.1±0.7c | 192.5±5.3e |
| | | 秋水仙素 | $1\times10^3$ | 191.8±8.9de | 50.1±1.7bcd | 25.9±1.4e | 155.0±2.3f |
| | | | $2\times10^3$ | 163.2±27.9e | 41.9±1.3de | 21.5±0.3f | 137.1±1.4g |
| | | | $1.2\times10^{-3}$ | 179.1±12.1de | 28.1±7.9ef | 21.8±0.5f | 117.2±0.8h |
| | | 叠氮化钠 | $5\times10^{-3}$ | 101.9±1.6f | 40.0±5.3de | 7.1±0.7g | 53.4±1.3i |
| | | | $2.5\times10^{-2}$ | 56.6±5.5f | 21.8±7.4f | 5.7±0.0g | 24.3±1.5j |

（续）

| 品种 | 花期 | 处理 | 浓度<br>（mg/L） | K含量<br>（mg/L） | Ca含量<br>（mg/L） | Mg含量<br>（mg/L） | B含量<br>（μg/L） |
|---|---|---|---|---|---|---|---|
| 火焰无核 | 小花蕾期 | CK | 0 | 148.9±5.8a | 51.5±2.5a | 13.8±0.7ab | 57.9±0.8a |
| | | 马来酰肼 | $1\times10^2$ | 150.5±4.3a | 48.8±1.4a | 13.5±0.4abc | 50.4±0.8b |
| | | | $2.5\times10^2$ | 144.5±2.2a | 43.1±2.3ab | 11.0±0.2d | 42.8±1.1c |
| | | | $4\times10^2$ | 139.7±3.2ab | 43.4±2.7ab | 12.3±0.6bcd | 41.0±1.0cd |
| | | 秋水仙素 | $5\times10^2$ | 125.5±5.2bc | 32.4±13.8b | 11.4±0.3d | 39.5±0.8de |
| | | | $1\times10^3$ | 149.9±5.5a | 50.6±1.2a | 14.8±0.8a | 38.6±0.2e |
| | | | $2\times10^3$ | 140.5±7.6ab | 42.5±4.7ab | 12.5±0.5bcd | 38.3±0.7e |
| | | 叠氮化钠 | $1.2\times10^{-3}$ | 133.6±2.4ab | 41.3±0.8ab | 14.7±0.2a | 33.3±0.7f |
| | | | $5\times10^{-3}$ | 134.5±11.6ab | 42.6±1.0ab | 13.4±0.3abc | 31.2±0.8fg |
| | | | $2.5\times10^{-2}$ | 110.7±2.4c | 45.1±0.7ab | 12.2±0.1cd | 29.2±0.3g |
| | 花蕾期 | CK | 0 | 244.1±19.9a | 62.3±13.4a | 29.9±0.7a | 725.8±1.4a |
| | | 马来酰肼 | $1\times10^2$ | 200.2±7.8b | 41.6±12.8abc | 21.2±0.1b | 298.0±2.7b |
| | | | $2.5\times10^2$ | 156.8±5.5c | 50.5±4.0bc | 19.8±0.7bc | 139.9±3.1c |
| | | | $4\times10^2$ | 155.5±0.7c | 41.0±0.6abc | 13.5±1.8d | 101.1±2.3d |
| | | 秋水仙素 | $5\times10^2$ | 140.5±1.0cd | 36.6±3.7bc | 18.6±0.1bc | 86.1±1.1e |
| | | | $1\times10^3$ | 140.3±21.4cd | 29.2±4.2bc | 17.9±0.2c | 81.3±0.8e |
| | | | $2\times10^3$ | 105.3±20.8de | 31.8±0.3bc | 16.7±1.2c | 47.0±0.3f |
| | | 叠氮化钠 | $1.2\times10^{-3}$ | 95.6±17.8de | 28.4±0.2bc | 10.6±0.3de | 42.5±0.1f |
| | | | $5\times10^{-3}$ | 87.9±6.8e | 35.3±7.1bc | 10.8±1.0de | 30.1±1.4g |
| | | | $2.5\times10^{-2}$ | 61.4±7.1e | 20.3±3.5c | 7.7±1.4e | 27.3±0.8g |
| | 盛花期 | CK | 0 | 300.0±42.8a | 70.9±7.2a | 40.1±4.8a | 383.5±2.0a |
| | | 马来酰肼 | $1\times10^2$ | 235.1±18.2b | 68.2±1.1ab | 35.2±1.5ab | 383.3±0.1a |
| | | | $2.5\times10^2$ | 230.9±11.2bc | 60.9±3.5abc | 30.9±2.1abc | 150.2±1.9b |
| | | | $4\times10^2$ | 189.7±4.3bcd | 65.5±4.0ab | 25.0±4.2bc | 118.3±1.2c |
| | | 秋水仙素 | $5\times10^2$ | 186.1±9.6bcd | 59.4±4.2abc | 24.3±1.7bcd | 110.6±1.1d |
| | | | $1\times10^3$ | 179.6±7.9bcd | 49.7±5.7c | 26.3±3.6bc | 93.8±0.1e |
| | | | $2\times10^3$ | 171.3±20.6cde | 48.9±6.2cd | 21.0±0.8cd | 89.2±1.4f |
| | | 叠氮化钠 | $1.2\times10^{-3}$ | 153.0±1.0de | 55.9±1.6bc | 19.4±0.8cd | 78.9±0.4g |
| | | | $5\times10^{-3}$ | 149.0±20.9de | 35.8±1.7de | 22.3±12.6cd | 69.6±0.9h |
| | | | $2.5\times10^{-2}$ | 113.0±1.2e | 34.4±0.6e | 13.2±0.4d | 55.5±0.4i |

注：同列不同小写字母表示处理间差异显著（$P<0.05$）。

花蕾期早黑宝花蕾中 B 元素含量与 $1.2 \times 10^{-3}$ mg/L 叠氮化钠处理后的小花蕾期早黑宝花蕾中 B 元素含量差异不显著外，其余参试葡萄经喷药（秋水仙素、叠氮化钠）处理后，花蕾中 B 元素含量存在显著差异。B 元素含量由少到多排序为：$2.5 \times 10^{-2}$ mg/L 叠氮化钠处理后的花蕾中 B 元素含量 $<5 \times 10^{-3}$ mg/L 叠氮化钠处理后的花蕾中 B 元素含量 $<1.2 \times 10^{-3}$ mg/L 叠氮化钠处理后的花蕾中 B 元素含量 $<2 \times 10^{3}$ mg/L 秋水仙素处理后的花蕾中 B 元素含量 $<1 \times 10^{3}$ mg/L 秋水仙素处理后的花蕾中 B 元素含量 $<5 \times 10^{2}$ mg/L 秋水仙素处理后的花蕾中 B 元素含量。

（6）不同药剂处理花器官发育动态研究　从图 27 中可以看出，对照组的早黑宝和火焰无核葡萄（小花蕾期）花蕾结构较为完整。早黑宝雌蕊中的花柱与柱头尚未形成，而子房结构较为完整，着生于子房内的两个胚珠均饱满圆润。火焰无核葡萄雌蕊中的柱头、花柱、子房和胚珠均清晰可见，未见残缺。花蕾期的早黑宝和火焰无核花器官结构完整，包括其主要部分：雄蕊和雌蕊。雄蕊由花丝和花药构成。花丝与基部联合，位于中央的雌蕊，分为子房、花柱、柱头三部分，花丝未见缩短，花药没有显著干瘪现象，花柱明显可见，柱头发育良好。子房结构完整，未见破损。子房中的心室内着生着 2 个胚珠，均饱满。未进行药剂处理的早黑宝和火焰无核盛花期花的结构完整。包含柱头、花柱、子房及胚珠四部分。花柱和柱头未见缩短和缺失现象，发育健康良好。子房结构较为完整，左右两心室界限清晰。心室内着生的 2 个胚珠，较为饱满。

由表 18、表 19、图 28 及图 29 可知，不同浓度的马来酰肼对 3 个时期（小花蕾期、花蕾期、盛花期）的早黑宝和火焰无核花结构无显著影响。除在小花蕾期早黑宝中未观察到花柱和柱头外，其余时期参试葡萄观察到的部分均未出现明显变形和损伤的情况。经 3 种浓度的秋水仙素处理后，参试葡萄 3 个时期的花器官结构发生变化，表现为花丝缩短、花药脱落、花柱缩短、柱头

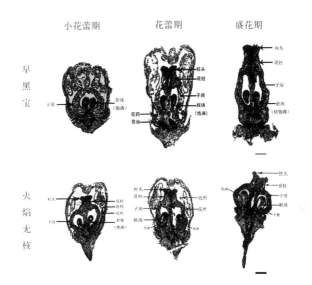

图 27　未进行药剂处理的早黑宝和火焰无核花
器官动态变化（Bars＝1mm）

表 18　不同处理对早黑宝花器官性状的影响

| 花期 | 药剂种类 | 浓度（mg/L） | 花丝 | 花药 | 花柱 | 柱头 | 子房 | 胚珠形态 | 胚珠数（个） |
|---|---|---|---|---|---|---|---|---|---|
| 小花蕾期 | 马来酰肼 | $1\times10^2$ | 2 | 3 | 4 | 4 | 4 | 5 | 3 |
| | | $2.5\times10^2$ | 2 | 3 | 4 | 4 | 4 | 5 | 2 |
| | | $4\times10^2$ | 2 | 3 | 4 | 4 | 4 | 5 | 2 |
| | 秋水仙素 | $5\times10^2$ | 2 | 3 | 4 | 4 | 3 | 4 | 2 |
| | | $1\times10^3$ | 2 | 3 | 4 | 4 | 4 | 4 | 2 |
| | | $2\times10^3$ | 2 | 3 | 4 | 4 | 4 | 4 | 1 |
| | 叠氮化钠 | $1.2\times10^{-3}$ | 2 | 3 | 4 | 4 | 3 | 4 | 2 |
| | | $5\times10^{-3}$ | 2 | 3 | 4 | 4 | 3 | 4 | 1 |
| | | $2.5\times10^{-2}$ | 2 | 3 | 4 | 4 | 3 | 4 | 1 |

（续）

| 花期 | 药剂种类 | 浓度（mg/L） | 花丝 | 花药 | 花柱 | 柱头 | 子房 | 胚珠形态 | 胚珠数（个） |
|---|---|---|---|---|---|---|---|---|---|
| 花蕾期 | 马来酰肼 | $1 \times 10^2$ | 2 | 1 | 2 | 3 | 4 | 4 | 2 |
| | | $2.5 \times 10^2$ | 1 | 1 | 2 | 2 | 3 | 3 | 1 |
| | | $4 \times 10^2$ | 1 | 1 | 2 | 2 | 2 | 6 | 0 |
| | 秋水仙素 | $5 \times 10^2$ | 2 | 1 | 4 | 4 | 4 | 4 | 2 |
| | | $1 \times 10^3$ | 2 | 1 | 4 | 4 | 3 | 3 | 2 |
| | | $2 \times 10^3$ | 1 | 1 | 1 | 1 | 2 | 3 | 2 |
| | 叠氮化钠 | $1.2 \times 10^{-3}$ | 1 | 1 | 2 | 2 | 3 | 3 | 1 |
| | | $5 \times 10^{-3}$ | 1 | 1 | 2 | 2 | 3 | 2 | 1 |
| | | $2.5 \times 10^{-2}$ | 1 | 1 | 2 | 2 | 2 | 1 | 0 |
| 盛花期 | 马来酰肼 | $1 \times 10^2$ | 1 | 1 | 2 | 2 | 4 | 4 | 2 |
| | | $2.5 \times 10^2$ | 1 | 1 | 2 | 2 | 3 | 4 | 2 |
| | | $4 \times 10^2$ | 1 | 1 | 1 | 1 | 3 | 3 | 2 |
| | 秋水仙素 | $5 \times 10^2$ | 1 | 1 | 2 | 2 | 4 | 4 | 2 |
| | | $1 \times 10^3$ | 2 | 1 | 2 | 2 | 3 | 4 | 1 |
| | | $2 \times 10^3$ | 2 | 1 | 2 | 2 | 3 | 4 | 1 |
| | 叠氮化钠 | $1.2 \times 10^{-3}$ | 1 | 1 | 1 | 2 | 3 | 2 | 1 |
| | | $5 \times 10^{-3}$ | 1 | 1 | 1 | 2 | 3 | 2 | 1 |
| | | $2.5 \times 10^{-2}$ | 1 | 1 | 1 | 1 | 3 | 2 | 1 |

注：花丝：1.表示脱落 2.表示缩短 3.表示未观察到；花药：1.表示脱落 2.表示稍有脱落 3.表示未脱落 4.表示未观察到；花柱：1.表示缺 2.表示缩短 3.表示发育良好 4.表示未观察到；柱头：1.表示缺失 2.表示发育不良 3.表示发育良好 4.表示未观察到；子房：1.表示结构不完整 受损严重，2.表示结构不完整 3.表示结构较完整 4.表示结构完整 5.表示未观察到；胚珠形态：1.表示缺失 2.表示干瘪 3.表示稍有干瘪 4.表示较为饱满 5.表示饱满 6.表示未观察到

发育不良、胚珠稍有皱缩干瘪。喷施叠氮化钠后，3 个时期的参试葡萄花器官结构与对照相比有显著差异，出现花丝和花药脱落、花柱缩短、柱头发育不良、胚珠皱缩干瘪缺失的现象。

**表 19　不同处理对火焰无核花器官性状的影响**

| 花期 | 药剂种类 | 浓度 | 花丝 | 花药 | 花柱 | 柱头 | 子房 | 胚珠形态 | 胚珠数（个） |
|---|---|---|---|---|---|---|---|---|---|
| 小花蕾期 | 马来酰肼（mg/L） | $1\times10^2$ | 2 | 2 | 3 | 3 | 4 | 5 | 2 |
| | | $2.5\times10^2$ | 2 | 2 | 3 | 3 | 4 | 5 | 2 |
| | | $4\times10^2$ | 2 | 2 | 3 | 3 | 4 | 5 | 1 |
| | 秋水仙素（%） | $5\times10^2$ | 2 | 2 | 4 | 4 | 4 | 4 | 2 |
| | | $1\times10^3$ | 2 | 2 | 3 | 3 | 4 | 5 | 1 |
| | | $2\times10^3$ | 2 | 2 | 3 | 3 | 4 | 5 | 1 |
| | 叠氮化钠（mg/L） | $1.2\times10^{-3}$ | 2 | 2 | 4 | 4 | 4 | 4 | 1 |
| | | $5\times10^{-3}$ | 2 | 2 | 4 | 4 | 4 | 4 | 1 |
| | | $2.5\times10^{-2}$ | 2 | 2 | 3 | 3 | 4 | 6 | 0 |
| 花蕾期 | 马来酰肼（mg/L） | $1\times10^2$ | 2 | 1 | 4 | 4 | 4 | 5 | 2 |
| | | $2.5\times10^2$ | 1 | 1 | 4 | 4 | 3 | 4 | 1 |
| | | $4\times10^2$ | 1 | 1 | 4 | 4 | 2 | 2 | 1 |
| | 秋水仙素（%） | $5\times10^2$ | 2 | 1 | 2 | 2 | 4 | 4 | 2 |
| | | $1\times10^3$ | 2 | 1 | 4 | 4 | 3 | 3 | 1 |
| | | $2\times10^3$ | 1 | 1 | 4 | 4 | 3 | 2 | 1 |
| | 叠氮化钠（mg/L） | $1.2\times10^{-3}$ | 1 | 1 | 4 | 4 | 3 | 2 | 1 |
| | | $5\times10^{-3}$ | 1 | 1 | 4 | 4 | 3 | 1 | 0 |
| | | $2.5\times10^{-2}$ | 1 | 1 | 4 | 4 | 1 | 1 | 0 |

（续）

| 花期 | 药剂种类 | 浓度 | 花丝 | 花药 | 花柱 | 柱头 | 子房 | 胚珠形态 | 胚珠数（个） |
|---|---|---|---|---|---|---|---|---|---|
| 盛花期 | 马来酰肼（mg/L） | $1 \times 10^2$ | 1 | 1 | 1 | 1 | 4 | 5 | 2 |
| | | $2.5 \times 10^2$ | 1 | 1 | 2 | 2 | 3 | 3 | 1 |
| | | $4 \times 10^2$ | 1 | 1 | 2 | 2 | 3 | 2 | 1 |
| | 秋水仙素（%） | $5 \times 10^2$ | 1 | 1 | 2 | 2 | 4 | 4 | 2 |
| | | $1 \times 10^3$ | 1 | 1 | 2 | 2 | 3 | 2 | 2 |
| | | $2 \times 10^3$ | 1 | 1 | 1 | 1 | 3 | 2 | 1 |
| | 叠氮化钠（mg/L） | $1.2 \times 10^{-3}$ | 1 | 1 | 2 | 2 | 3 | 2 | 1 |
| | | $5 \times 10^{-3}$ | 1 | 1 | 1 | 1 | 3 | 2 | 1 |
| | | $2.5 \times 10^{-2}$ | 1 | 1 | 1 | 1 | 3 | 1 | 0 |

注：花丝：1. 表示脱落 2. 表示缩短 3. 表示未观察到；花药：1. 表示脱落 2. 表示稍有脱落 3. 表示未脱落 4. 表示未观察到；花柱：1. 表示缺失 2. 表示缩短 3. 表示发育良好 4. 表示未观察到；柱头：1. 表示缺失 2. 表示发育不良 3. 表示发育良好 4. 表示未观察到；子房：1. 表示结构不完整，受损严重 2. 表示结构不完整 3. 表示结构较完整 4. 表示结构完整 5. 表示未观察到；胚珠形态：1. 表示缺失 2. 表示干瘪 3. 表示稍有干瘪 4. 表示较为饱满 5. 表示饱满 6. 表示未观察到

不同处理的葡萄花器官石蜡切片形态特征分析结果如图 30 所示。可将不同处理划分为 4 类：第一类（Ⅰ）中包含 16 个处理，这 16 个处理的花丝、花药均已脱落，花柱缩短或缺失，柱头发育不良，子房结构完整，胚珠稍有干瘪或干瘪；第二类（Ⅱ）包含 10 个处理，与第一类相比不同的是，胚珠较为饱满；第三类（Ⅲ）包含 5 个处理，这一类花器官的特征是花丝、花药脱落，花柱、柱头未观察到，子房结构不完整，甚至受损严重，胚珠干瘪或缺失；剩余处理为第四类（Ⅳ），这一类的特点是花丝缩短，花药未脱落或稍有脱落，花柱、柱头为观察到或发育不良，子房结构完整，胚珠近似椭球形，饱满圆润。

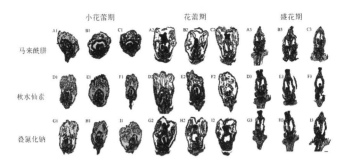

**图 28　不同药剂处理的早黑宝花器官形态（Bar=1mm）**

　　A1、A2、A3. 马来酰肼 $1×10^2$ mg/L 处理　B1、B2、B3. 马来酰肼 $2.5×10^2$ mg/L 处理　C1、C2、C3. 马来酰肼 $4×10^2$ mg/L 处理　D1、D2、D3. 秋水仙素 $5×10^2$ mg/L 处理　E1、E2、E3. 秋水仙素 $1×10^3$ mg/L 处理　F1、F2、F3. 秋水仙素 $2×10^3$ mg/L 处理　G1、G2、G3. 叠氮化钠 $1.2×10^{-3}$ mg/L 处理　H1、H2、H3. 叠氮化钠 $5×10^{-3}$ mg/L 处理　I1、I2、I3. 叠氮化钠 $2.5×10^{-2}$ mg/L 处理

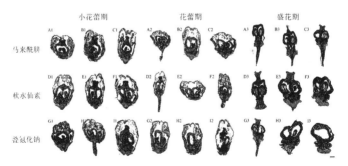

**图 29　不同药剂处理的火焰无核花器官形态（Bar=1mm）**

　　A1、A2、A3. 马来酰肼 $1×10^2$ mg/L 处理　B1、B2、B3. 马来酰肼 $2.5×10^2$ mg/L 处理　C1、C2、C3. 马来酰肼 $4×10^2$ mg/L 处理　D1、D2、D3. 秋水仙素 $5×10^2$ mg/L 处理　E1、E2、E3. 秋水仙素 $1×10^3$ mg/L 处理　F1、F2、F3. 秋水仙素 $2×10^3$ mg/L 处理　G1、G2、G3. 叠氮化钠 $1.2×10^{-3}$ mg/L 处理　H1、H2、H3. 叠氮化钠 $5×10^{-3}$ mg/L 处理　I1、I2、I3. 叠氮化钠 $2.5×10^{-2}$ mg/L 处理

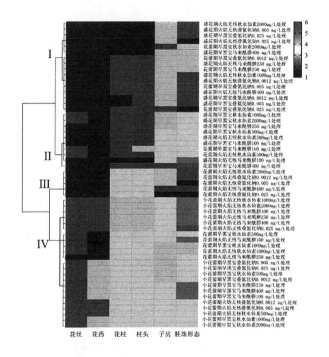

图30　不同浓度药剂处理下葡萄花器官石蜡切片形态特征的综合评价

## 5. 讨论

（1）3种不同化学药剂诱导葡萄雄性不育的效果评价　本试验结果表明，马来酰肼、秋水仙素和叠氮化钠对葡萄均有不同程度的去雄效果，尤其是叠氮化钠，其去雄效果优良，是一种高效的葡萄去雄药剂，且其喷施的最佳浓度为 $1.2 \times 10^{-3}$ mg/L。Hazem F 与 Golabadi M.（Hazem & Golabadi，2018）在研究叠氮化钠对黄瓜非活性花粉产生的影响时，其方差结果显示 $1.2 \times 10^{-3}$ mg/L 叠氮化钠对花粉粒失活有正效应；其次，$5 \times 10^{-3}$ mg/L 和 $2.5 \times 10^{-2}$ mg/L 这两种浓度的叠氮化钠处理后的种子未生长出植株，这似乎是药剂浓度高、花粉粒死亡所致，而非花粉粒失活所致。本试验中 3 种不同浓度的叠氮化钠都对葡萄的花粉力有显著的影响，但同时两种较高浓度的叠氮化钠药剂对不同时期的葡萄花内的子房、花柱、柱头、胚珠具有不同程度的伤害，会影响其后续的授粉及生长发育。所以，在葡萄中使用叠氮化钠作为去雄药剂的最适浓度为 $1.2 \times 10^{-3}$ mg/L，与上述研究结果一致。多数研究表明，秋水仙素处理的浓度一般为 $0.1\% \sim 0.5\%$，文武等（2017）在对甜叶菊进行秋水仙素药剂喷施后，得出 $0.2\%$ 秋水仙素溶液比较适合甜叶菊的持续发育，且其再生植株的存活率较高。本试验中 $2 \times 10^3$ mg/L 秋水仙素（即 $0.2\%$ 秋水仙素）溶液虽对降低葡萄花粉生命力的效果较好，但同时也会对葡萄雌蕊群中花柱、柱头及子房等造成不同程度的伤害，与试验原意相违背，所以不建议采用 $2 \times 10^3$ mg/L 秋水仙素作为葡萄的去雄药剂。这与秋水仙素在甜叶菊上的最适浓度有差异，可能是以下几点因素造成的：①药剂处理时间的长短有差异；②药剂喷施量的多少不同；③药剂喷施时期有出入；④葡萄和甜叶菊对去雄药剂的敏感程度不同。这些问题还需要进一步的研究。本试验用马来酰肼对早黑宝和火焰无核进行了去雄处理，并对其花粉生命力、萌发力及花器官动态结构的统计与观察，结果显示，处理后的花粉生命力没有显著降低。因此，马来酰肼不适合作为葡萄的化学去雄剂。而王安虎等（2010）却在光学显微镜下观察到，马来酰肼处理后的同一朵小花内苦荞麦的花粉粒干瘪率达到 $90\%$，使花粉粒几乎失去活性而不能萌发受精，表明化学去雄剂马来酰肼对苦荞麦的去雄效果较好。二者的去雄机理完全一致，结论却相差较远，可能是植物种类的不同导致了结果的差别。

通过观察花粉粒外在形态上的差异也可大致判断花粉是否具有生命性。一般来说，生命力较强的花粉大小基本一致且较饱满充实，其形状也规则。而失活的花粉常表现为空瘪，形状各异，不具规则性（许海涛等，2019）。本试验中，通过扫描电镜图可以看出，未经任何处理的葡萄花粉粒性状规则且饱满，去雄药剂喷施过后的花粉粒均有不同程度的变形。综合早黑宝和火焰无核这两种葡萄的花粉生命力来看，可以得出：经去雄效果较好的药剂（$2.5 \times 10^{-2}$ mg/L 叠氮化钠）处理过的花粉粒，其生命力较低，外形发生形变，并且较为空秕。这与上述研究结果一致。

（2）葡萄 3 个花期 B、K、Ca、Mg 4 种元素含量动态变化

硼是一种微量营养素，对植物繁殖器官的生长发育及保持植物细胞壁、细胞膜结构的完整性都很重要，特别是对花粉萌发、花粉管的生长、开花及坐果有着广泛的影响（Harris et al.，2018）。短期硼元素缺乏会使花器官的细胞结构、花药造孢层组织破坏，花药发育受限，花粉管畸形，柱头发育不良，导致雄性不育和结实不良（Zohaib et al.，2018；Hegazi et al.，2018），主要表现为花易脱落，即使开花，也可能不结果，如果结果，果易畸形。本试验发现，经马来酰肼处理后的柱头发育良好，没有出现失水萎缩的现象，结合元素含量分析得出马来酰肼处理过的花蕾，其中所含的 B 元素含量均高于秋水仙素和叠氮化钠处理后的花蕾中的 B 元素含量，且在葡萄花器官的 3 个时期（小花蕾期、花蕾期、盛花期）均表现一致。说明 B 元素含量较高时，其柱头发育良好。同时，将所测定的 B 元素含量与花粉的生命率、萌发率相结合发现：B 元素含量高的花蕾，其花粉的生命力和萌发力较高；而 B 元素含量较低的花蕾，其花粉的生命力和萌发力均较低，甚至为 0。这两种现象分别于前面的研究结果相吻合，都表明 B 元素是植物花器官发育的关键因素之一。

钾是植物需求量较大的矿质元素之一，决定着植物的生长发育状态，影响着植物种子的产量和品质。钾素对果实生长发育、开花结实均具有良好作用。镁元素对促进植株发育的作用极为明显（邹永翠和王强，2014）。通过 K、Mg 元素含量分析发现：早黑宝盛花期的花蕾中 K、Mg 元素均显著高于其小花蕾期和花

蕾期的花蕾中 K、Mg 元素的含量。在火焰无核中该结论也同样
适用。这与上述研究结论相一致，都说明 K、Mg 元素对植物开
花生长有显著影响。

钙是植物生长的必要元素，在植物生长过程中起着非常重要
的作用，$Ca^{2+}$ 可以协同调控花粉管的顶端生长，花粉萌发生命
性变化与其细胞中游离 $Ca^{2+}$ 浓度变化相一致，$Ca^{2+}$ 浓度的动态
变化可能诱发花粉萌发而产生变化（Wudick et al.，2018）。将
试验中的 Ca 元素含量、花粉生命率及花粉萌发率这 3 个因素结
合，可发现在同一葡萄品种、同一花期、同一药剂处理时，Ca
元素含量较高时，花粉的生命率和萌发率均较高。这与 Wudick
等的试验结论一致，表明 Ca 元素含量与花粉生命力、萌发力呈
正相关关系。

**6. 结论** 对 2 个不同的葡萄品种（早黑宝、火焰无核）的
花穗给予表面喷施 3 种浓度的马来酰肼、秋水仙素、叠氮化钠
后，以荧光染色法和离体培养法鉴定花粉生命力，并从花粉外形
结构、花蕾内在发育状况及花蕾中元素含量变化等 4 个方面比较
了 3 种药剂对葡萄化学去雄效果的差异。结果显示，在适宜的环
境条件下，综合考虑各方面因素，认为 $1.2 \times 10^{-3}$ mg/L 叠氮化
钠是早黑宝和火焰无核葡萄去雄时的最佳药剂。

### （三）去雄后杂交

去雄后葡萄人工杂交的方法参照贺普超主编《葡萄学》（贺
普超 1999：289 - 291），于去雄后的次日清晨或傍晚开始进行，
具体步骤：在去雄后的次日清晨或傍晚开始观察，用于杂交的母
本葡萄花穗柱头是否有黏液分泌，判断授粉时机。授粉时，避开
正午的强光照高温时段，将各种花粉置于放有冰袋的冰壶内，带
到种质资源葡萄圃。用镊子夹住一团脱脂棉蘸取所需品种花粉，
于去雄的母本品种花穗上方抖动使其散落，完成后迅速套袋并标
记。为保证授粉成功，连授 3d。为防止花粉的交叉污染，在更
换不同品种授粉时，需用 70％乙醇喷射授粉接触器具和手等，

以杀死花粉，晾干后，再进行下一组杂交（图31）。

图31 人工授粉

a. 授粉时机（柱头分泌黏液） b. 人工授粉 c. 授粉后套袋标记

# 三、不同杂交组合亲和性调查

## （一）试验材料

试验于2018年5月在山西农业科学院果树研究所国家种质资源葡萄圃（E 112°32′，N 37°23′，海拔833m±4m）和山西省运城河津市葡萄栽培基地（E 110°46′，N 35°31′，海拔833m±4m）进行杂交工作，河津市年均温为13.5℃，全年降水量544.9mm，日照时长2 328.3h；山西农业科学院果树研究所国家种质资源葡萄圃位于太谷县，年均温为10.6℃，全年降水量462.9mm，日照时长2 300h。室内试验在山西农业大学园艺学院实验室（E 112°34′，N 37°25′，海拔796m±10m）进行。试验选择北冰红、河津野生、山河1号、山河3号、绛县10号、SP115、SP275、新郁、火州红玉、火州紫玉、丽红宝和户太8号为杂交父本，以户太8号、北冰红、早黑宝、丽红宝、晶红宝、无核翠宝为杂交母本。

## （二）试验方法

花粉采集、生命力鉴定及大田杂交方法如前所述。花粉生命力（%）＝被荧光染色的花粉数/花粉粒总数×100%；以花粉管长度超过花粉粒直径的 1/2 为萌发花粉，花粉萌芽率（％）＝已萌芽的花粉粒数/花粉粒总数×100％；坐果率（％）＝果实总数/去雄花朵数×100％；有籽率（％）＝有胚珠果实数/果实总数×100％；胚珠形成率（％）＝组合内得到的胚珠总数/组合内授粉的花蕾总数×100％。

采用隶属函数法对杂交组合亲和性相关的指标（花粉生命力、坐果率、有籽率、胚珠形成率）进行综合评价，隶属函数值计算：

$$U_{ij} = \frac{X_{ij} - X_j\min}{X_j\max - X_j\min}$$

式中，$X_{ij}$——$i$ 品种的 $j$ 指标的值；$X_j\min$——所有品种 $j$ 指标的最小值；$X_j\max$——所有品种 $j$ 指标的最大值。依据隶属函数值将杂交亲和性分为 4 级：0.50～1.00 为亲和性强，1 级；0.30～0.49 为亲和性较强，2 级；0.10～0.29 为亲和性较弱，3 级；0～0.09 为亲和性弱，4 级。

试验每个处理重复 3 次，采用 Excel 2010 和 SPSS 21.0 处理数据及 Duncan's 新复极差多重比较分析差异显著性，并用 GraphPad Prism 5.0 做图。

**（三）结果与分析**

**1. FDA 荧光染色法测定葡萄花粉生命力**　　通过 FDA 荧光染色法对不同品种葡萄花粉生命力进行测定（图 32，a、b），结果表明不同葡萄品种的花粉生命力差异较大（表 20），12 个参试葡萄品种的花粉生命力在 17.2％～46.9％，平均为 29.2％。其中 SP115 和绛县 10 号的花粉生命力显著低于其他品种，分别为 17.2％和 18.2％；而户太 8 号的花粉生命力为 46.9％，显著高于其他品种；12 个参试葡萄品种按花粉生命力强弱排序为户太 8 号＞北冰红＞火州红玉＞丽红宝＞山河 1 号＞山河 3 号＞火州紫玉＞SP275＞新郁＞河津野生＞绛县野生葡萄＞SP115。

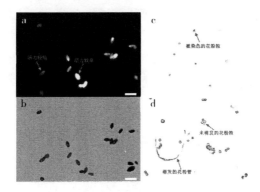

图32 三种方法测定葡萄花粉生命力

a、b. FDA 染色法 c. TTC 染色法 d. 离体培养法。标尺为 $500\mu m$。

**表20 FDA 荧光染色法测定的不同品种葡萄花粉生命力**

| 序号 | 品种 | 花粉生命力（%） | 排序 |
|------|------|----------------|------|
| 1 | 北冰红 | 39.4±3.8ab | 2 |
| 2 | 户太8号 | 46.9±4.2a | 1 |
| 3 | 火州红玉 | 38.0±1.4bc | 3 |
| 4 | 火州紫玉 | 26.2±2.8def | 7 |
| 5 | 山河1号 | 30.9±3.1bcde | 5 |
| 6 | 山河3号 | 30.1±0.6cde | 6 |
| 7 | 河津野生 | 22.7±3.3ef | 10 |
| 8 | 绛县10号 | 18.2±1.5f | 11 |
| 9 | 新郁 | 23.3±1.6def | 9 |
| 10 | SP275 | 25.2±4.2def | 8 |
| 11 | SP115 | 17.2±3.0f | 12 |
| 12 | 丽红宝 | 32.2±2.1bcd | 4 |

注：小写字母不同表示差异达显著水平（$p<0.05$）。

**2. TTC 染色法测定葡萄花粉生命力** 通过 TTC 染色法测定葡萄花粉生命力（图32，c），供试葡萄品种花粉的生命力平均值为 18.8％，多数葡萄品种的花粉生命力介于 15％～20％，其中有 5 个葡萄品种的花粉生命力高于平均值（表 21）。北冰红花粉生命力最强，与户太 8 号花粉生命力差异不显著，但与其他 10 个品种差异显著；SP115 花粉生命力最低，仅为 11.4％，说明其不适于用于杂交授粉。不同品种花粉生命力递减梯度依次为：北冰红＞户太 8 号＞丽红宝＞山河 3 号＞火州红玉＞山河 1 号＞绛县 10 号＞新郁＞河津野生＞SP275＞火州紫玉＞SP115。

**表 21　TTC 染色法测定的不同葡萄品种花粉生命力**

| 序号 | 品种 | 花粉生命力（％） | 排序 |
|------|------|------------------|------|
| 1 | 户太 8 号 | 27.8±2.9ab | 2 |
| 2 | 北冰红 | 31.8±1.6a | 1 |
| 3 | 山河 1 号 | 17.7±1.4cde | 6 |
| 4 | 山河 3 号 | 19.9±2.6cd | 4 |
| 5 | 河津野生 | 15.8±1.0cde | 9 |
| 6 | 绛县 10 号 | 16.8±2.8cde | 7 |
| 7 | SP275 | 13.9±2.1de | 10 |
| 8 | SP115 | 11.4±1.0e | 12 |
| 9 | 新郁 | 16.1±2.0cde | 8 |
| 10 | 火州红玉 | 19.0±1.2cd | 5 |
| 11 | 火州紫玉 | 13.4±1.9de | 11 |
| 12 | 丽红宝 | 22.1±3.0bc | 3 |

注：小写字母不同表示差异达显著水平（$p<0.05$）。

**3. 不同葡萄品种花粉萌发率差异**　供试葡萄品种花粉的平均萌发率为 26.2％（图 32，d），多数葡萄品种的花粉萌发率介于 20％～40％，其中有 5 个葡萄品种的花粉生命力高于平均值（表 22）。户太 8 号花粉萌发率最强，与北冰红花粉生命力差异不显著，但与其他 10 个品种差异显著；SP115 花粉萌发率最低，仅为 7.2%，说明其花粉生命力极低。不同葡萄品种花粉萌发率递减梯度依次为：户太 8 号＞北冰红＞河津野生＞丽红宝＞山河 3 号＞SP275＞山河 1 号＞绛县 10 号＞火州红玉＞新郁＞火州紫玉＞SP115。

**表 22　不同葡萄品种花粉萌发率**

| 序号 | 品种 | 花粉生命力（%） | 排序 |
|---|---|---|---|
| 1 | 户太 8 号 | 44.6±2.1a | 1 |
| 2 | 北冰红 | 39.6±1.4ab | 2 |
| 3 | 山河 1 号 | 23.4±1.3cd | 7 |
| 4 | 山河 3 号 | 34.2±0.6b | 5 |
| 5 | 河津野生 | 35.2±3.8b | 3 |
| 6 | 绛县 10 号 | 20.73.2cd | 8 |
| 7 | SP275 | 26.9±0.7c | 6 |
| 8 | SP115 | 7.2±0.5f | 12 |
| 9 | 新郁 | 17.0±3.5de | 10 |
| 10 | 火州红玉 | 18.9±1.2de | 9 |
| 11 | 火州紫玉 | 12.1±2.3ef | 11 |
| 12 | 丽红宝 | 34.4±2.9b | 4 |

注：小写字母不同表示差异达显著水平（$p < 0.05$）。

**4. 葡萄花粉生命力测定方法筛选**　以离体培养法测定花粉生命力作为参照，将离体培养法与 TTC 染色法和 FDA 染色法进行比较，结果见图 33。3 种测定方法在北冰红、绛县 10 号和新郁上均无显著性差异；但在 SP115 上均有显著性差异，花粉活力顺序为 FDA 染色法＞TTC 染色法＞离体培养法。离体培养法测定的花粉活力在山河 3 号和河津野生葡萄上显著高于其他两种染色方法，且 TTC 染色法和 FDA 荧光染色法之间无显著差异。TTC 染色法在山河 1 号、火州红玉、火州紫玉上与离体培养法无显著性差异，但与 FDA 荧光染色法呈显著性差异，花粉活力顺序为 TTC 染色法＝离体培养法＜FDA 染色法。FDA 荧光染色法在户太 8 号和 SP275 上与离体培养法无显著性差异，但与 TTC 染色法呈显著性差异。因此，在葡萄花粉生命力的测定中，FDA 荧光染色法比 TTC 染色法更接近于离体培养法的测定结果。

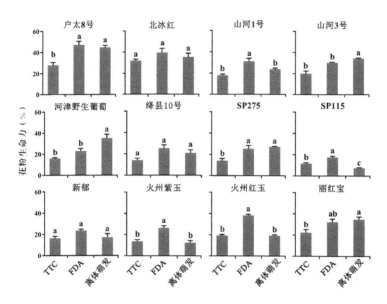

图 33 不同品种葡萄花粉离体培养法与染色法之间的花粉生命力比较
注：小写字母不同表示差异达显著水平（$p < 0.05$）。

### 5. 不同葡萄品种杂交亲和性分析

（1）不同葡萄品种自花授粉坐果率比较 杂交结果如图 34 所示。6 个葡萄品种的自花授粉坐果率为 28％～64％，各品种的差异较大，其中早黑宝自花授粉坐果率最高，为 63.2％；无核翠宝自花授粉坐果率最低，为 28.9％（表 23）。

（2）不同葡萄品种间杂交坐果率分析 对 15 个供试葡萄品种的 34 对杂交组合进行田间杂交授粉，授粉 30d 后有 33 对杂交

图 34　不同杂交组合杂交果

组合坐果结实，共产生 17 210 个杂交果实，坐果率 0～100％。所有授粉组合的平均坐果率为 30.2％，平均有籽率为 5.1％，各杂交组合间的坐果率和有籽率差异较大（表 23）。其中以北冰红为母本的杂交组合坐果率为 0，为杂交不成功组合。以无核翠宝为母本的杂交授粉坐果率为 11.2％，低于平均坐果率；有籽率只有无核翠宝×火州紫玉杂交组合为 1.1％，其他组合均为 0。以户太 8 号为母本的杂交组合坐果率为 15.5％，有籽率基本高于平均值，其中户太 8 号×河津野生杂交组合的有籽率最高，为 19.1％，而户太 8 号×山河 3 号组合的坐果率虽然较高，但其有籽率较低，只有 5.4％。以早黑宝为母本的杂交组合坐果率为 34.4％，其中早黑宝×山河 1 号组合坐果率最高，为 52.0％；早黑宝×火州紫玉杂交组合坐果率最低，仅有 17.5％；且早黑宝×火州紫玉和早黑宝×SP115 杂交组合的有籽率为 0，表明杂交不成功。以丽红宝为母本的杂交组合坐果率为 26.5％，其中丽红宝×火州紫玉和丽红宝×北冰红两个组合坐果率高于平均值，分别为 47.4％和 44.2％，而丽红宝×SP275 杂交组合坐果率最低，仅为 10.1%。以晶红宝为母本的杂交组合坐果率为 43.7%，杂交亲和性强，其中晶红宝×新郁杂交组合坐果率最高为 63.0%，晶红宝×火州紫玉有籽率最高，为 9.9%。

（3）不同葡萄品种间杂交亲和性评价　通过对 34 个杂交组合的 4 个影响杂交亲和性指标进行隶属度计算和综合评价，各杂交组合的隶属函数值见表 23。34 个杂交组合的隶属函数值存在差异，根据隶属函数值越大亲和性越强的原则，对杂交组合亲和性强弱进行排序。其中亲和性最强的组合为户太 8 号×河津野生，亲和性最弱的组合是早黑宝×SP115。

**表 23　不同葡萄品种间杂交坐果率、有籽率和杂交亲和性**

| 杂交组合 | 坐果率（%） | 有籽率（%） | 胚珠形成率（%） | 隶属函数值 | 杂交亲和性等级 |
|---|---|---|---|---|---|
| 早黑宝 | 57.1±1.6a | 100.0±0.0a | / | / | / |
| 丽红宝 | 50.3±3.7ab | 51.9±4.8c | / | / | / |
| 晶红宝 | 42.6±6.4bc | 33.5±1.2b | / | / | / |
| 无核翠宝 | 38.6±4.2bc | 68.7±6.4b | / | / | / |
| 户太 8 号 | 37.5±3.9bc | 90.2±1.3a | / | / | / |
| 北冰红 | 33.9±1.2c | 100.0±0.0a | / | / | / |
| 户太 8 号×北冰红 | 12.1±2.9b | 19.8±2.8a | 3.1±0.3b | 0.59 | 1 |
| 户太 8 号×山河 1 号 | 15.4±3.3ab | 15.3±1.2a | 4.2±0.5a | 0.49 | 2 |
| 户太 8 号×山河 3 号 | 24.6±2.8a | 5.4±0.4b | 2.2±0.3b | 0.42 | 3 |
| 户太 8 号×河津野生 | 23.9±4.7a | 19.1±1.9a | 4.8±0.1a | 0.64 | 1 |
| 北冰红×户太 8 号 | 0 | 0 | 0 | 0.25 | 4 |
| 早黑宝×山河 1 号 | 52.0±4.5a | 4.3±0.6b | 3.5±0.2b | 0.48 | 2 |
| 早黑宝×河津野生 | 51.6±a | 3.9±0.5b | 3.5±0.4b | 0.55 | 1 |
| 早黑宝×绛县 10 号 | 49.4±5.1a | 2.3±0.3c | 1.8±0.6c | 0.39 | 3 |
| 早黑宝×SP275 | 37.6±15.6ab | 3.6±0.7bc | 3.3±0.3b | 0.46 | 2 |
| 早黑宝×SP115 | 24.8±11.9ab | 0.0±0.0d | 0.0±0.0d | 0.09 | 4 |

（续）

| 杂交组合 | 坐果率<br>（%） | 有籽率<br>（%） | 胚珠形成率<br>（%） | 隶属<br>函数值 | 杂交亲和<br>性等级 |
|---|---|---|---|---|---|
| 早黑宝×新郁 | 25.4±9.8ab | 4.9±0.4b | 1.3±0.2c | 0.24 | 4 |
| 早黑宝×火州紫玉 | 17.5±9.6b | 0.0±0.0d | 0.0±0.0d | 0.11 | 4 |
| 早黑宝×火州红玉 | 39.8±4.9ab | 9.0±0.5a | 5.3±0.2a | 0.52 | 2 |
| 早黑宝×丽红宝 | 39.6±13.2ab | 2.3±0.5c | 1.3±0.2c | 0.41 | 3 |
| 丽红宝×山河1号 | 26.2±7.6abc | 6.4±1.1b | 2.6±0.1b | 0.36 | 3 |
| 丽红宝×北冰红 | 44.2±12.4ab | 1.3±0.3c | 0.8±0.1cd | 0.45 | 2 |
| 丽红宝×SP275 | 10.1±5.5c | 8.7±1.0a | 1.4±0.1c | 0.33 | 3 |
| 丽红宝×SP115 | 21.4±8.2abc | 5.7±0.8b | 2.5±0.2b | 0.25 | 4 |
| 丽红宝×新郁 | 23.2±5.5abc | 2.3±0.1c | 0.9±0.1cd | 0.22 | 4 |
| 丽红宝×火州紫玉 | 47.4±13.9a | 5.4±0.2b | 3.7±0.5a | 0.42 | 3 |
| 丽红宝×火州红玉 | 16.7±4.5bc | 1.8±0.5c | 0.3±0.1d | 0.18 | 4 |
| 丽红宝×早黑宝 | 21.8±9.8abc | 6.2±0.4b | 2.2±0.2b | 0.25 | 4 |
| 晶红宝×山河1号 | 39.5±9.5a | 4.6±0.7cd | 4.9±0.1c | 0.50 | 2 |
| 晶红宝×北冰红 | 40.1±9.0a | 2.0±0.5e | 1.3±0.2d | 0.46 | 2 |
| 晶红宝×SP275 | 37.1±5.3a | 3.5±0.7de | 2.0±0.1d | 0.39 | 3 |
| 晶红宝×SP115 | 39.6±5.4a | 6.3±0.9bc | 4.0±0.3c | 0.36 | 3 |
| 晶红宝×新郁 | 63.0±11.1a | 3.3±0.4de | 4.0±0.8c | 0.48 | 2 |
| 晶红宝×火州紫玉 | 41.3±8.6a | 9.9±0.5a | 8.6±0.2a | 0.61 | 1 |
| 晶红宝×火州红玉 | 56.9±9.7a | 7.2±0.6b | 6.3±0.2b | 0.61 | 1 |
| 晶红宝×河津野生 | 36.2±4.6a | 7.3±1.1b | 4.3±0.4c | 0.57 | 1 |
| 无核翠宝×山河1号 | 16.6±10.4a | 0.0±0.0b | 0.0±0.0a | 0.17 | 4 |
| 无核翠宝×新郁 | 14.6±12.5a | 0.0±0.0b | 0.0±0.0a | 0.12 | 4 |
| 无核翠宝×火州紫玉 | 10.0±4.6a | 1.1±0.3a | 0.1±0.1a | 0.10 | 4 |
| 无核翠宝×火州红玉 | 6.6±4.2a | 0.0±0.0b | 0.0±0.0a | 0.11 | 4 |

注：不同小写字母表示以同一母本杂交的组合间的坐果率在 $p < 0.05$ 水平差异显著。

各杂交组合亲和性鉴定的热图和聚类分析结果如图 35 所示，依据亲和性分级标准与计算所得的隶属函数值，将 34 个杂交组合划分为 4 个等级，与聚类分析结果一致，分别为杂交亲和性强、杂交亲和性较强、杂交亲和性较弱、杂交亲和性弱。其中以河津野生为父本的杂交组合，被划分为同一大类，属于亲和性强组合；以无核翠宝为母本的 4 个杂交组合因其坐果率较低，被划分为 1 个大类，属于亲和性弱杂交组合；同属亲和性强的杂交组合晶红宝×河津野生、早黑宝×河津野生与户太 8 号×河津野生、户太 8 号×北冰红、晶红宝×火州紫玉、晶红宝×火州红玉因隶属函数值差异显著，划分为 2 个类群。

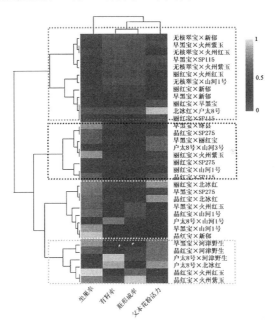

图 35　不同葡萄杂交组合亲和性鉴定的热图和聚类分析

（4）杂交父本花粉生命力与亲和性的相关性　通过表 22 与表 23 对比发现，葡萄花粉生命力直接影响其作为父本的杂交坐果率。葡萄花粉生命力较高的户太 8 号、北冰红、丽红宝、山河 3 号、河津野生等 5 个品种，其中 3 个品种（北冰红、丽红宝和河津野生葡萄）杂交亲和性较强，户太 8 号和山河 3 号的杂交亲和性较弱。花粉生命力中等的 SP275、山河 1 号、绛县 10 号、火州红玉、新郁等 5 个品种，其中 4 个品种杂交亲和性较强，只有火州红玉的杂交亲和性较弱。花粉生命力较低的火州紫玉和 SP115，火州紫玉的杂交亲和性最弱。因此，葡萄杂交亲和性与花粉生命力存在一定的相关性，葡萄品种花粉生命力较高或中等的，其作为父本的杂交亲和性较强；反之，葡萄品种花粉生命力较低的，其作为父本的杂交亲和性较弱。

### （四）讨论

葡萄不同品种间杂交亲和性强弱受气候、土壤肥力和亲本基因型等多种因素影响（李顺雨等，2009），且不同杂交组合的坐果率和杂交亲和性有很大差异。杂交授粉工作中，适宜的亲本组合是影响杂交亲和性的关键因素之一（Ji et al.，2013）。本试验研究结果显示，以 6 个葡萄品种母本的杂交组合，以晶红宝为母本的杂交组合坐果率最高，杂交亲和性强，而以北冰红和无核翠宝为母本的杂交组合坐果率较低，杂交亲和性弱。其中晶红宝×新郁组合坐果率最高（63.0%），晶红宝×火州紫玉有籽率最高（9.9%）。花粉生命力是影响杂交坐果率和亲和性的另一主要因素（柴弋霞等，2018）。花粉生命力较高或中等的品种，其作为父本杂交亲和性较强；反之，花粉生命力较低的品种，其作为父本的杂交亲和性较弱（杨涛等，2015）。本试验结果显示葡萄花粉生命力较高的北冰红、丽红宝和河津野生葡萄的杂交亲和性较强，花粉生命力中等的 SP275、山河 1 号、绛县 10 号、新郁等品种杂交亲和性较强，花粉生命力较低的火州紫玉和 SP115 的杂交亲和性最弱。但在杂交父本花粉生命力较强时，出现少数组合杂交坐果率较低的现象，如北冰红×户太 8 号和户太 8 号×山河 3 号组合，父本花粉生命力较强，而杂交坐果率却较低，原因可能是杂交亲本的亲缘关系、气候环境、遗传背景等因素导致。

### (五）结论

FDA 荧光染色法适宜于葡萄花粉生命力测定；北冰红、河津野生葡萄花粉生命力较高，适宜作为杂交父本；晶红宝和户太8 号适宜作为无核葡萄胚挽救杂交的母本材料，北冰红和河津野生适宜作为无核葡萄胚挽救杂交的父本材料。部分花粉生命力强，但杂交坐果率低的杂交组合，在以后的杂交育种工作中可以利用喷施激素的方法提高杂交效率。

# 第四章　无核葡萄胚挽救体系的
## 建立及优化

## 一、葡萄胚挽救操作程序

无核葡萄胚挽救的步骤采用课题组的程序操作（纪薇等，2013，2015），分为 3 个阶段培养，具体如下：

在适当时期，将田间不成熟葡萄幼果采摘后，实验室去除其穗轴，置于广口瓶内，自来水冲洗 30min 后，超净工作台内用 75％乙醇浸泡 30s，再用无菌水冲洗 3 次，倒入 1％浓度的升汞溶液浸泡果粒 6min，期间振荡 2～3 次，再用无菌水冲洗 3 次，完成灭菌。将果粒剖开，选取＞2mm 以上的胚珠接种于胚珠发育培养基中，同时记录各个杂交组合的胚珠培养数，每个 150mL 三角瓶内接种 30 个左右胚珠，置于组培间架子上盖上黑布，进行暗培养，此阶段为胚珠培养。

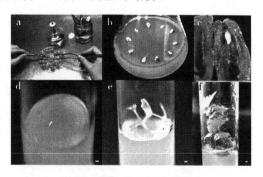

### 图 36　葡萄杂交胚挽救成苗
a. 剥离胚珠　b. 胚珠培养　c. 离体培养胚珠中的鱼雷形胚
d、e. 胚萌发成苗。Bars＝1mm。

9～10 周后在超净工作台内，解剖镜下剖开胚珠，将其喙端发育的白色胚接种至胚萌发培养基，每个试管（20mm×150mm）内接种一个发育胚，适应 1 周后，转为光培养，此阶段为胚萌发培养。

4 周后，将萌发的胚挽救幼苗剪成带一片叶子的双芽茎段接种至生根培养基（2MS＋IBA 0.1mg/L＋6-BA 0.4mg/L）上，每个 250mL 的三角瓶内接种一个茎段。每 4 周进行一次扩繁，此阶段为成苗阶段。

## 二、无核葡萄胚挽救体系的影响因子

### （一）无核葡萄胚挽救污染防治的初步研究

无核葡萄是当今国际葡萄消费和生产的重要方向之一，胚挽救技术作为无核葡萄育种的主要技术，已被广泛应用（武书哲等，2014；Ji et al.，2013a）。然而，在离体培养中试验材料的无菌系建立接种和后继的培养过程中，污染现象时有发生，极大地影响着无菌培养的进程，在胚挽救过程中更使来之不易的杂交后代种子白白浪费，严重阻碍了无核葡萄胚挽救育种的效率，已经引起众多科学家的关注（徐龙光等，2014；齐春华，2011；陈云风等，2014；李建书，2014；汤雪燕等，2014）。

无核葡萄胚挽救主要包括 3 个过程，即胚珠内胚培养、剖胚后培养、胚萌发成苗。据他人和我们前期的研究结果共同显示，胚珠内培养阶段的污染情况最为严重，是直接制约无核葡萄胚挽救成功与否的关键因素之一（Ji et al.，2013b）。然而，前人对葡萄胚挽救过程中污染现象的产生原因及其防治方面的研究尚未见报道。因此，课题组调查了无核葡萄胚挽救过程中胚珠内胚培养阶段的污染影响因素，并对其进行抑菌培养，对无核葡萄胚挽救胚珠内胚培养污染率控制的方法进行了初步研究，以期改善无核葡萄胚挽救过程的污染情况，为提高无核葡萄胚挽救育种效率提供理论与实践依据。

**1. 试验材料与方法**

（1）试验材料　本研究以种子败育型（Stenospermocarpy）无核葡萄品种'皇家秋天''红宝石无核''无核翠宝'自然授粉的幼果为材料，进行胚挽救胚珠内培养。试验材料于2014年7～8月采自山西省农业科学院研究所国家果树种质资源太谷葡萄圃，室内胚挽救试验在山西农业大学园艺学院果树学省重点学科实验室进行。采用西北农林科技大学王跃进教授团队发明的新型MM4培养基（专利申请号：200610043024.0）＋500mg/L香蕉泥作为胚形成培养基（纪薇，2013）。

（2）取样方法和前处理　将整个葡萄花穗中约50％的小花开放时，确定为其盛花期。根据各葡萄品种生长特性和前期试验，分别在盛花期后49d、60d、65d，采取'无核翠宝''红宝石无核''皇家秋天'自然授粉的幼果，随机采取连梗果粒带回实验室。选取生长良好、无病虫害的果粒，保留果梗剪成单粒，浸泡于含0.1％浓度洗洁精的自来水中3min，然后用自来水冲洗1h。

（3）不同葡萄品种污染情况调查　对3种不同无核葡萄品种'皇家秋天''红宝石无核''无核翠宝'的自然授粉果粒，去除果肉后，将胚珠表面用75％乙醇浸泡30s＋1％升汞溶液浸泡6min后，接种于MM4＋香蕉泥500mg/L培养基上，每个培养瓶内的胚珠接种数为22粒，置于山西农业大学园艺学院组培间培养架上，7d后观察污染情况，进行统计分析。

（4）胚珠内胚培养表面消毒方式的试验　将清洗干净的'红宝石无核'葡萄果粒，置于超净工作台上，本试验共设计3种不同的消毒方式，分别为：①75％乙醇浸泡10s＋1％升汞溶液浸泡4min；②75％乙醇浸泡30s＋1％升汞溶液浸泡6min；③75％乙醇浸泡1min＋1％升汞溶液浸泡10min。其他胚挽救的具体操作方法及培养条件等详见课题组前期研究中的描述（纪薇，2013）。每个培养瓶内接种10粒胚珠，7d后观察污染情况，进行统计分析。

(5) 污染材料的抑菌培养　将上述试验中已经污染的胚珠材料，用无菌水清洗后，转接至添加了不同种类和浓度抑菌剂的胚形成抑菌培养基 MM4＋香蕉泥 500mg/L 中，具体添加抑菌剂的种类和浓度为：①多菌灵 10g/L、30g/L、50g/L；②青霉素 5 万单位、10 万单位、20 万单位；③高锰酸钾 0.1g/L、0.2g/L、0.5g/L。对已污染的胚珠材料的抑菌培养结果进行统计和分析。

(6) 数据统计与分析　试验按单因素随机区组设计，每处理为 20 瓶，重复 3 次。采用 DPS (Data Processing System, v 13.5) 软件进行统计分析。

**2. 结果与分析**

(1) 胚珠内胚培养表面消毒方式的优化　由表 24 可以看出，3 种不同的消毒方式对胚珠内培养的污染效果存在显著差异。其中处理 1 和处理 2 接种后的种子表现正常，但处理 1 的污染率显著高于处理 2。处理 3 的灭菌效果最好，但是接种后种子表面黑化，分析原因可能是消毒时间过长，造成种子受伤。

**表 24　胚珠内胚培养表面消毒方式的优化**

| 处理 | 消毒方式 | 接种后种子状态 | 污染率（%） |
|---|---|---|---|
| 1 | 75%乙醇浸泡 10s＋1%升汞溶液浸泡 4min | 正常 | 42.3±13.0a |
| 2 | 75%乙醇浸泡 30s＋1%升汞溶液浸泡 6min | 正常 | 5.3±2.0b |
| 3 | 75%乙醇浸泡 1min＋1%升汞溶液浸泡 10min | 表面黑化 | 0.3±1.0c |

(2) 不同葡萄品种污染情况调查　对 3 种不同无核葡萄品种污染率调查结果表明，污染率在 15.0%～38.3%之间，各品种之间的污染率略有差异（表 25）。分析情况，可能是培养瓶内接种数固定为 22 粒/瓶，而各品种的种子大小不同，导致培养瓶内的实际密度和微环境差异造成了各品种间污染率的差异。

### 表25 不同葡萄品种污染情况调查

| 品种 | 接种数（瓶） | 污染数（瓶） | 污染率（%） |
| --- | --- | --- | --- |
| 皇家秋天 | 20 | 7.7 | 38.3 |
| 红宝石无核 | 20 | 3.0 | 15.0 |
| 无核翠宝 | 20 | 7.3 | 36.7 |

（3）抑菌剂的种类和浓度筛选 由表26可以看出，多菌灵对细菌污染防治没有效果，对真菌污染防治效果较好，其作用原理为可干扰病原菌有丝分裂中纺锤体的形成，影响细胞分裂，起到杀菌作用。相反，青霉素对细菌污染防治效果较好，而对真菌污染却无能为力，原因在于青霉素所含的青霉烷能使病菌细胞壁的合成发生障碍，导致病菌溶解死亡。高锰酸钾对真菌和细菌污染均有一定的防治效果，原因是其通过氧化菌体的活性基团，呈现杀菌作用，能有效杀灭各种细菌繁殖体、真菌。另外，由于3种浓度的抑菌率没有差异，从对胚的低毒害角度考虑（种子外观正常，不出现黑化现象），建议选取低浓度的抑菌剂为宜。

**3. 讨论** 无核葡萄胚挽救过程的污染，是指在无核葡萄胚挽救操作的过程中，由于真菌或者细菌的侵染使培养基中的杂菌滋生，从而引起整个胚挽救程序崩溃，导致试验失败的现象。普遍认为，组织培养过程中的污染物主要是细菌、真菌以及未检出的菌类（李颖等，2002）。李建书（2014）认为，污染的材料基本都是受单一的菌种感染，不存在真菌和细菌同时污染的情况，这表明，组培苗生长的微环境，只适合特定种类的微生物生存。一些科学工作者的研究表明，虽然组织培养过程中污染现象来势汹汹，仍可通过在培养基中添加适宜浓度和种类的抗生素或防腐剂来进行有效的防治（宾宇波等，2013；王航等，2014；陈云凤等，2014；李建书，2014；汤雪燕等，2014）。本书中抑菌试验研究结果与前人的研究结果一致，其中添加0.1g/L高锰酸钾的胚形成培养基 MM4＋香蕉泥 500mg/L 的抑菌效果理想，可有效地杀灭细菌和真菌污染。

表 26 抑菌剂的种类和浓度筛选

| 抑菌剂种类 | 浓度 | 接种数（瓶） | 抑菌率（%） | |
|---|---|---|---|---|
| | | | 真菌 | 细菌 |
| 多菌灵 | 10g/L | 20 | 100 | 0 |
| | 30g/L | 20 | 100 | 0 |
| | 50g/L | 20 | 100 | 0 |
| 青霉素 | 5 万单位 | 20 | 0 | 100 |
| | 10 万单位 | 20 | 0 | 100 |
| | 20 万单位 | 20 | 0 | 100 |
| 高锰酸钾 | 0.1g/L | 20 | 100 | 100 |
| | 0.2g/L | 20 | 100 | 100 |
| | 0.5g/L | 20 | 100 | 100 |

组织培养的污染率与接种环境存在一定的关系（时群等，2007）。例如，外界大气温度超过 35℃时，污染现象明显增加。笔者前期的试验也验证了这一情况，无核葡萄胚挽救过程污染最严重的时期是胚珠内胚形成培养阶段，恰逢盛夏（7～8 月），因此污染情况不容小觑，这也是本试验选取污染防治时期的依据。而且组培工作者均有经验，如果不迅速将已经污染的瓶子撤出组培间，就不可避免地会引起污染的扩散和放大。马翠萍（2002）认为，虽然细菌的生长速度比真菌的快，但是因为细菌的扩散力相对较弱，所以细菌对组培苗的危害程度比真菌小。因此，也有不少组培工作者根据实际操作经验，提出了一些有效的物理防治污染的方法。例如，李志军等（2008）认为，培养瓶外壁、封口膜和扎线处是重要的污染源，因此建议应尽快将灭菌的培养瓶运送到接种室，接种时应少抖动封口膜，动作要轻、快；纪纯阳等

(2011)提出，灭菌后等灭菌锅稍冷却后再打开，及时更换过滤膜等措施也对防治组培污染有一定的作用；宋锋惠等（2002）认为，定期对接种室和培养室进行空气熏蒸灭菌（甲醛 4～6mL/$m^3$ 和高锰酸钾 3～6g/$m^3$ 的混合物），也可有效防治组培污染。本书研究结果显示，培养瓶内接种数固定为22粒/瓶，而选取的 3 种无核品种的种子大小不同，导致培养瓶内的实际密度和微环境差异造成了各品种间污染率的差异，即培养瓶内的微环境对污染也有一定的影响。

所以，我们建议在组培过程中，"勤观察"的同时，需要对污染材料"及时处理，尽早抢救"，将损失减少到最小，降低培养成本，提高无核葡萄胚挽救效率。特别指出的是，在无核葡萄胚挽救的操作过程中，需根据接种时种子的实际大小来合理调整接种密度，以减少污染。

**4. 结论**　通过试验，我们可以得出结论：75％乙醇浸泡 30s＋1％升汞溶液浸泡 6min 的灭菌方式对无核葡萄胚珠内培养的灭菌效果较理想；无核葡萄胚挽救过程中，胚珠内培养的接种密度对污染有一定的影响；添加 0.1g/L 高锰酸钾的胚形成培养基 MM4＋香蕉泥 500mg/L 的抑菌效果理想。

## （二）杂交亲本基因型对胚形成率和成苗率的影响

将试验设置的各杂交组合幼果在其各自适宜采收时期进行采摘后，带回新疆维吾尔自治区瓜果开发研究中心试验室进行无菌消毒后，接种在胚形成培养基 MM4＋香蕉泥 500mg/L 上，同时统计接种胚珠数，并将其密封条件下带回西北农林科技大学试验室进行离体胚珠内培养。9～10 周后剥出发育的幼胚，接种至胚形成培养基 WPM＋6-BA 0.2mg/L 上，同时统计胚形成率。4 周后，在生根培养基 2MS＋IBA0.1mg/L＋6-BA 0.4mg/L 上进行继代扩繁，同时统计成苗率。

**1. 杂交亲本基因型对胚形成率和成苗率的影响**　不同的葡萄亲本杂交组合，胚挽救的效率存在显著差异，如表 27 所示。

不同杂交组合的胚形成率的变化范围从 35.0％（红宝石无核×黑奥林）到仅有 1.9％（DA7×红脸无核）；而成苗率的变化范围从 23.0％（红宝石无核×黑奥林）到只有 1.1％（粉红无核×北醇）。在试验设置的 13 个杂交组合中，有 6 个组合（即，DA7×双优、粉红无核×火焰无核、DA7×红脸无核、无核白×红脸无核、火焰无核×藤稔和森田尼无核×红脸无核）没有获得成活的植株。其中，无核白×红脸无核和森田尼无核×红脸无核没有获得成活的胚。说明不同的葡萄品种之间杂交亲和性及其对胚挽救方法的适应性不同，而无核白和森田尼无核并不适合作为母本材料，在杂交配置中更适合作为父本来传递无核性状。

表 27 不同葡萄亲本基因型组合对胚挽救的影响

| 组合 | 胚珠培养数 | 胚形成率[1] | 成苗率[2] |
| --- | --- | --- | --- |
| * 火焰无核×北醇<br>* Flame Seedless×Beichun | 225 | 22.8±1.2cg | 12.9±0.8c |
| * 红脸无核×双优<br>* Blush Seedless×Shuangyou | 450 | 30.4±2.6b | 10.7±1.0d |
| * 粉红无核×北醇<br>* Pink Seedless×Beichun | 450 | 3.8±1.0f | 1.1±1.0f |
| * DA7×双优<br>* DA7×Shuangyou | 252 | 3.6±1.0f | / |
| ** 红脸无核×无核白<br>** Blush Seedless×Thompson Seedless | 300 | 24.7±2.0c | 6.4±1.0e |
| ** 粉红无核×火焰无核<br>** Pink Seedless×Flame Seedless | 225 | 7.6±1.4e | / |
| ** DA7×红脸无核<br>** DA7×Blush Seedless | 294 | 1.9±1.1f | / |

（续）

| 组合 | 胚珠培养数 | 胚形成率[1] | 成苗率[2] |
|---|---|---|---|
| ** 无核白×红脸无核<br>** Thompson Seedless×Blush Seedless | 69 | / | / |
| *** 红宝石无核×黑奥林<br>*** Ruby Seedless×Black Olympia | 375 | 35.0±4.6a | 23.0±2.0a |
| *** DA7×京优<br>*** DA7×Jingyou | 225 | 35±2.3a | 15.7±1.4b |
| *** 火焰无核×藤稔<br>*** Flame Seedless×Fujiminori | 192 | 13.3±3.0d | / |
| *** 黑大粒×巨峰<br>*** Big black×Kyoho | 600 | 16.2±1.5d | 10.4±1.0d |
| **** 森田尼无核×红脸无核<br>**** Centennial Seedless×Blush Seedless | / | / | / |

注：[1] 胚形成率＝接种胚数/胚珠培养数×100％；[2] 成苗率＝成苗数/胚珠培养数×100％。

**2. 讨论** 不同无核品种间合子胚的形成能力差别很大，造成胚挽救成苗率存在差异（张利等，1991；Pommer et al.，1995；Garcia et al.，2000；Liu et al.，2003）。目前大多学者认为基因型对无核葡萄胚挽救效率的影响主要受母本基因型的控制（Spiegel-Roy et al.，1985；Goldy，1987；徐海英等，2001）。此外，研究表明，父本对胚的发育率和萌发率也有显著影响（Ebadi et al.，2004；Gray et al.，1990）。本研究的结果显示，不同杂交组合胚挽救效率存在差异。所以，我们认为以胚挽救方法进行葡萄杂交育种，其效率严重受母本基因型影响的同时，各亲本种质的遗传差异性和杂交亲和性，以及不同品种对胚挽救技术的适应性也存在一定的影响。这与 Sun et al.（2011）的观点一致。在唐冬梅（2010）的研究中，试验的 10 个品种中每果粒胚珠数从 1.57 至 3.82 个不等，说明不同品种在进行胚挽救的第一步时，其获得培养材料（胚珠）的难易程度就有明显不同，必然影响到以后的杂交胚挽救后代数量。因此，在计划利用胚挽救技术进行无核葡萄杂交选育时，首先确定胚挽救成苗率高的无核品种作为母本，对以后的杂交组合选配，以及最终获得足够数量的杂交后代群体进行综合目标性状的筛选，就显得尤为必要。本试验的结果显示，无核白和森田尼无核就不是合适的母本材料，作为杂交配置，无核白和森田尼无核更适于做父本来传递其无核性状。

**（三）杂种幼果不同采收期对胚萌发率的影响**

**1. 试验方法** 我们在 6 月 28 日到 8 月 8 日进行各杂交组合的果实采收工作，各杂交组合的具体采收时段见表 28。选择生长健壮的植株进行大田杂交，3 次授粉完成后，杂交胚珠的取样时间 DAF 值从最后一次的授粉日期开始计算。在设定的取样日期，随机摘取杂交果穗的果粒带回实验室无菌剖取胚珠进行离体培养。

**2. 结果** 如表 28 所示，不同的杂交组合最佳采收期不同，分别在各自的最佳采收期获得最高的胚萌发率。统计结果显示，各杂交组合的最佳采收期分别为：火焰无核×北醇（DAF 39d）、红脸无核×双优（DAF 54d）、粉红无核×北醇（DAF 54d）、DA7×双优（DAF 44d）、红脸无核×无核白（DAF 54d）、粉红无核×火焰无核（DAF 54d）、DA7×红脸无核（DAF 44d）、红宝石无核×黑奥林（DAF 63d）、DA7×京优（DAF 44d）、火焰无核×藤稔（DAF 39d）、黑大粒×巨峰（DAF 72d）。由此可以看出，相同母本的杂交组合最佳采收期基本相同，说明其主要取决于母本的发育程度。另外，无核白×红脸无核和森田尼无核×红脸无核这两个杂交组合，没有得到萌发胚，因此并未得出其最佳采收期，分析可能是两个原因：①无核白和森田尼无核并不适合作为母本材料，在杂交配置中更适合作为父本来传递无核性状；②我们或许错过了这两个杂交组合的最佳采收期，无核白和

**表28 不同葡萄亲本基因型组合的幼果采收期对胚萌发率[1]的影响**

| 组合 | 取样日期（日/月） | | | | | | | | | | | | | | |
|---|---|---|---|---|---|---|---|---|---|---|---|---|---|---|---|
| | 28/6 | 1/7 | 4/7 | 7/7 | 10/7 | 13/7 | 16/7 | 19/7 | 22/7 | 25/7 | 28/7 | 31/7 | 3/8 | 5/8 | 8/8 |
| * 火焰无核×北醇 | 3.2 | 7.6 | 22.8 | 14.5 | 0 | | | | | | | | | | |
| * 红脸无核×双优 | | | | | | | 0 | 13.2 | 30.4 | 3.3 | 0 | | | | |
| * 粉红无核×北醇 | | | | | | | 0 | 1.0 | 3.8 | 0 | 0 | | | | |
| * DA7×双优 | | | | 0 | 0 | 3.6 | 0.2 | 0 | | | | | | | |
| ** 红脸无核×无核白 | | | | | | | 0 | 3.2 | 24.7 | 9.3 | 0 | | | | |
| ** 粉红无核×火焰无核 | | | | | | | 0 | 1.9 | 7.6 | 2.3 | 0 | | | | |
| ** DA7×红脸无核 | | | | 0 | 0 | 1.9 | 0.4 | 0 | | | | | | | |
| ** 无核白×红脸无核 | 0 | 0 | 0 | 0 | 0 | | | | | | | | | | |
| *** 红宝石无核×黑奥林 | | | | | | | | | 2.4 | 15.2 | 35.0 | 11.2 | 0 | | |
| *** DA7×京优 | | | | 0 | 3.2 | 30.4 | 21.9 | 0 | | | | | | | |
| *** 火焰无核×藤稔 | 0 | 0 | 13.3 | 9.5 | 0 | | | | | | | | | | |
| *** 黑大粒×巨峰 | | | | | | | | | | | 0 | 1.2 | 11.4 | 16.2 | 3.1 |
| **** 森田尼无核×红脸无核 | 0 | 0 | 0 | 0 | 0 | | | | | | | | | | |

注：[1] 胚萌发率＝萌发的胚数/胚珠培养数×100%。

森田尼无核这两种材料做母本，采收期或许要更早。

胚的发育一般需经历受精卵、球形胚、心形胚、鱼雷形和子叶形胚等 5 个阶段。无核葡萄胚挽救的最佳采收期为鱼雷期，然而由于时间短难以把握，因此实际无核葡萄操作中选取球形胚、心形胚、鱼雷形这 3 个时期进行接种（图 37）。

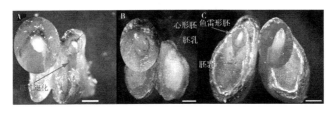

图 37　无核葡萄胚挽救最佳接种时期
A. 球形胚　B. 心形胚　C. 鱼雷形胚。标尺为 1mm。

**3. 讨论**　杂交胚的萌发很大程度上决定于其发育程度。胚的发育一般需经历受精卵、球形胚、心形胚、鱼雷形和子叶形胚等 5 个阶段。如果大田采样时，果粒中合子胚的发育程度处在球形期和鱼雷期之间，则幼胚发育程度愈高，适宜条件下离体培养所获得的胚发育率就愈高（Garcia et al.，2000；Amaral et al.，2001；Liu et al.，2003）；否则，将很难得到萌发的种子。因此，取样时期是胚挽救程序中很重要的一个影响因子。盛花后天数（Days after flowering，DAF）作为接种时期的具体指标，已被广泛采用（Spiegel-Roy et al.，1985；Emarshad et al.，1989；Gray et al.，1990；Tsolova，1990；Ponce et al.，2002；Bharathy et al.，2003）。Notsuka et al.（2001）根据前人和自己的研究结果，认为 DAF 50±10d 为接种无核葡萄胚珠的最佳时期。在本书中，我们统计得出了各杂交组合的最佳采收期，如下：火焰无核×北醇（DAF 39d）、红脸无核×双优（DAF 54d）、粉红无核×北醇（DAF 54d）、DA7×双优（DAF 44d）、红脸无核×无核白（DAF 54d）、粉红无核×火焰无核（DAF

54d)、DA7×红脸无核（DAF 44d）、红宝石无核×黑奥林（DAF 63d）、DA7×京优（DAF 44d）、火焰无核×藤稔（DAF 39d）、黑大粒×巨峰（DAF 72d）。说明不同的无核品种，胚发育的进程并非同步，而是存有差异。同时可以看出，相同母本的杂交组合最佳采收期基本相同，说明其主要取决于母本的发育程度。另外，无核白×红脸无核和森田尼×红脸无核两个杂交组合都没有获得发育的胚。说明无核白和森田尼无核这两个品种并不适合作为母本，或者也有可能是我们错过了最佳采收期，在以后的试验中，我们会提早进行无核白和森田尼作为母本的杂交组合的采收，建议从 DAF 25d 开始。

### （四）不同培养基对胚萌发和植株成活率的影响

**1. 试验方法**

（1）基本培养基的筛选　以红宝石无核葡萄自交作为材料，进行基本培养基的测试和筛选。本试验将常用于植物组培的 MM4、ER、Nitsch、SH、White、B5 和 MS 等 7 种培养基进行了测试，以期筛选出更适用于无核葡萄胚挽救的胚形成培养基种类；对 WPM、1/2MS 和 MS 这 3 种培养基进行了测试，以期筛选出更适用于无核葡萄胚挽救的胚萌发培养基种类。

（2）培养基的优化　将 5 种无核葡萄品种（粉红无核、红脸无核、DA7、红宝石无核、火焰无核）的胚珠各取 20 粒，总计100 粒用于本试验，重复 3 次。

胚形成培养基优化：两种固体培养基 ER 和 MM4 作为基础培养基，分别添加 GA$_3$ 0.5mg/L 和 IAA 1.5mg/L 或香蕉泥500mg/L 后作为不同胚形成培养基，研究其对胚挽救效率的影响。本试验所用的胚萌发培养基为 WPM＋6-BA 0.2mg/L；生根培养基为 2MS＋IBA 0.1mg/L＋6-BA 0.4mg/L。

胚萌发培养基优化：固体培养基 WPM 作为基础培养基，分别添加 BA 0.1mg/L 和 BA 0.2mg/L 后作为不同胚萌发培养基，研究其对胚挽救效率的影响。本试验所用的胚形成培养基为

MM4＋香蕉泥 500mg/L；生根培养基为 2MS＋IBA 0.1mg/L＋6-BA 0.4mg/L。

**2. 结果**

（1）不同胚形成培养基对胚形成率的影响

①不同基础培养基的测试结果。本试验对 MM4、ER、Nitsch、SH、White、B5 和 MS 等 7 种培养基进行了测试。结果表明，MM4 和 ER 作为红宝石无核自交的胚形成培养基的效果较好，如表 29 所示。因此，下一步的优化采用 MM4 和 ER 作为基础培养基。

**表 29 不同培养基对红宝石无核葡萄自交的胚形成率的影响**（Means±SD）

| 培养基种类 | 胚珠培养数 | 胚形成率[1]（%） |
|:---:|:---:|:---:|
| MM4 | 100 | 27.3±2.0a |
| ER | 100 | 22.3±1.0b |
| Nitsch | 100 | 7.3±1.0c |
| SH | 100 | 5.7±1.0d |
| White | 100 | 9.3±1.0de |
| B5 | 100 | 10.7±2.0ef |
| MS | 100 | 16.7±2.0f |

注：[1] 胚形成率＝胚培养数/胚珠培养数×100%。

②胚形成培养基的进一步优化。不同的胚形成培养基组成会对胚挽救效率产生影响（表30）。当使用 MM4＋香蕉泥 500mg/L 作为胚形成培养基时，胚形成率（13.2%）和植株成活率（90.1%）同时达到峰值。无论是在 ER，还是 MM4 培养基中，添加香蕉泥 500mg/L 都促进了胚形成率和植株成活率，这可能是由于香蕉中含有多种植物发育所必需的营养物质和微量元素。然而，添加激素（GA₃ 0.5mg/L＋IAA 1.5mg/L）却会对胚形

成率和植株成活率产生抑制作用，这可能是由于使用的激素种类和浓度比例的失衡造成的。

**表 30　不同胚形成培养基组成对幼胚发育形成率、胚萌发率和植株成活率的影响**（Means±SD）

| 培养基组成 | 胚形成率[1]<br>（%） | 胚萌发率[2]<br>（%） | 植株成活率[3]<br>（%） |
|---|---|---|---|
| ER | 11.3±2.2abc | 91.2±3.2a | 79.0±2.0b |
| ER＋GA$_3$ 0.5mg/L＋IAA 1.5mg/L | 9.7±1.2bc | 86.3±2.8bc | 72.9±1.7c |
| ER＋香蕉泥 500mg/L | 12.6±1.3ab | 92.6±2.6a | 88.5±1.0a |
| MM4 | 11.9±1.9abc | 91.4±1.2a | 79.4±1.4b |
| MM4＋GA$_3$ 0.5mg/L＋IAA 1.5mg/L | 9.3±1.5c | 83.1±2.7c | 67.2±1.0d |
| MM4＋香蕉泥 500mg/L | 13.2±0.6a | 90.7±2.2ab | 90.1±2.8a |

注：[1] 胚形成率＝胚培养数/胚珠培养数×100%；[2] 胚萌发率＝萌发胚数/胚形成数×100%；[3] 植株成活率＝成活植株数/胚形成数×100%。

（2）不同胚萌发培养基对胚萌发率的影响

①不同基础培养基的测试结果。本试验对 WPM、1/2MS 和 MS 这 3 种培养基进行了测试。结果表明，WPM 作为红宝石无核自交的胚萌发培养基的效果较好，如表 31 所示。因此，下一步的优化采用 WPM 作为基础培养基。

**表 31　不同培养基对红宝石无核葡萄自交的胚萌发率的影响**（Means±SD）

| 培养基种类 | 胚培养数 | 胚萌发率[1]（%） |
|---|---|---|
| WPM | 100 | 77.7±3.0a |
| 1/2MS | 100 | 65.3±3.0b |
| MS | 100 | 71.3±4.0ab |

注：[1] 胚形成率＝胚萌发数/胚培养数×100%。

②胚萌发培养基的进一步优化。不同的胚萌发培养基组成

会对胚挽救效率产生影响（表32）。当使用 WPM＋BA 0.2mg/L 作为胚萌发培养基时，胚萌发率（91.2%）达到峰值，效果较好。

**表32　不同胚萌发培养基组成对胚萌发率的影响**（Means±SD)

| 培养基组成 | 胚萌发率（%） |
| --- | --- |
| WPM | 82.2±1.5b |
| WPM＋BA 0.1mg/L | 87.9±3.9ab |
| WPM＋BA 0.2mg/L | 91.2±1.1a |

**3. 讨论**　杂种后代的胚挽救可以分为胚珠内培养、胚的离体萌发和植株形成 3 个阶段。无核葡萄胚挽救过程中的各个培养阶段有其适宜的培养条件。对于胚挽救培养基中添加激素后的效果，还存在一定的争议。Liu et al.（2003）和 Palmer et al.（2002）的试验结果表明，在培养基中添加激素后的胚挽救效率受到了抑制，这与本试验中在胚发育培养基中添加激素（$GA_3$ 0.5mg/L＋IAA 1.5mg/L）对胚的形成产生了抑制作用的结果一致，这可能是由于使用的激素种类和浓度比例的失衡造成的。然而，更多的试验结果显示，添加激素的培养基对胚挽救效率的提高产生正面影响（郭印山等，2006；Gray et al.，1990；Gribaudo et al.，1993；Yamashita et al.，1998；Guo et al.，2004；Valdez，2005）。所以，培养基中添加的激素种类和浓度以及激素与矿质元素等的互作效应，将是我们下一步工作突破的重点。相反，在本研究中，无论是 MM4 还是 ER 作为基本的胚形成培养基内，添加香蕉泥 500mg/L 都有助于促进胚的形成，可能是由于香蕉中含有多种植物发育所必需的营养物质和微量元素。而基于 MM4＋香蕉泥 500mg/L 的优异试验结果，以后的试验中我们将采用其作为胚形成培养基。在胚萌发阶段，WPM 作为基本培养基，添加 BA 0.2mg/L 的胚萌发培养基在胚萌发的

作用上效果较好。在接下来的试验中，我们将测试在培养基中添加更多种类的天然营养物质，如香蕉泥、椰子汁、麦芽提取物、氨基酸、水解酪蛋白和水解乳蛋白等，以期可以筛选出更适合无核葡萄胚挽救的培养基，进一步提高利用胚挽救方法进行无核葡萄育种的效率，加快无核葡萄新种质的创制进程。

### （五）二倍体无核葡萄×四倍体有核葡萄杂交种子的播种成苗

**1. 不同倍性葡萄杂交种子播种步骤**　采集：在葡萄晚熟期（9月23～26日），从新疆瓜果所种质资源葡萄圃采收藤稔自交、巨峰自交等组合的杂交果粒，带回西北农林科技大学实验室，用手捏开果实，取出种子后，将其用自来水冲洗干净，装在尼龙纱网袋中悬挂晾干，标记。

沙藏：在12月10日将各组合种子与湿沙（手捏不滴水为宜）混匀后，装入盛有湿沙的瓦盆中，然后在瓦盆上用砖头盖严实，以防鼠害，埋入西北农林科技大学种质资源葡萄圃中。

催芽：在次年3月28日取出沙藏种子，过筛后清洗干净，去除秕粒，统计饱满种子的数目。将其放入培养皿中，下铺3层湿滤纸，上盖湿纱布保湿，25℃催芽。种子每隔1天清洗一次。至约30%的种子露白后，进行播种。

播种：在西北农林科技大学种质资源葡萄圃温棚进行。在穴盘内装入湿润的营养基质，一穴一种，浇透水。之后每3天浇一次水。

成苗：在5月20日，幼苗具4～5片真叶时统计成苗数，然后定植大田。过程如图2-2所示。

**2. 葡萄二倍体与四倍体之间杂交种子的离体培养成苗与种子播种成苗的比较**　由于不同倍性葡萄品种之间杂交，不易形成有生命力的种子，所以我们对其未成熟果粒的种子进行了离体培养。二倍体无核×四倍体葡萄杂交种子的离体培养成苗与种子播种成苗的比较结果见图38、图39和表33。同样采用离体培养的方法，二倍体与四倍体杂交的萌发成苗率（黑大粒×巨峰11.3%）远远低于自然授粉的萌发成苗率（巨峰自然授粉 63.7%），说明不同倍性葡萄品种之间的杂交，的确会出现种子的败育现象。另外，除森田尼×红脸无核、火焰无核×藤稔利用离体培养和播种两种方法均未获得成苗外，其余各杂交组合离体培养的成苗率均远高于其播种的成苗率。

图 38　葡萄二倍体品种与四倍体品种杂交后杂交
种子催芽后播种萌发成苗情况
a. 各品种种子清洗后标记　b、c. 催芽　d. 萌发成苗

图 39　葡萄二倍体品种与四倍体品种杂交后离体培养成苗过程
a. 种子离体无菌分离　b. 胚珠内培养　c. 种子萌发　d. 形成真叶
e. 转接单个胚挽救苗至新鲜生根培养基　f. 单株胚挽救苗转至营养钵
并盖塑料杯保湿　g. 去掉塑料杯　h. 存活胚挽救苗移栽

表33　葡萄二倍体品种与四倍体品种杂交种子播种萌发情况

| 组合 | 离体接种的种子数 | 播种的种子数 | 种子萌发成苗率[1]（%） | |
| --- | --- | --- | --- | --- |
| | | | 离体培养 | 播种 |
| 巨峰（4x）自然授粉 | 100 | 100 | 63.7 | 41.3 |
| 藤稔（4x）自然授粉 | 100 | 100 | 51.3 | 34.7 |
| 森田尼（4x）×红脸无核（2x） | 437 | 466 | / | / |
| 红宝石无核（2x）×黑奥林（4x） | 278 | 302 | 24.7 | 1.9 |
| DA7（2x）×京优（4x） | 235 | 221 | 13.9 | / |
| 火焰无核（2x）×藤稔（4x） | 279 | 241 | / | / |
| 黑大粒（2x）×巨峰（4x） | 443 | 456 | 11.3 | 0.7 |

注：[1] 种子萌发成苗率＝种子萌发成苗数/种子总数×100%。

## （六）葡萄胚挽救过程中畸形苗的出现与转化利用研究

在通过胚挽救技术进行葡萄育种的过程中，苗子的质量决定了它自身最终存活的可能性。其中，发育不健康的畸形苗，即使在试验室条件下暂时存活，由于它的形态和功能上的缺陷，也会导致它在移植大田后最终死亡。在葡萄胚挽救过程中，畸形苗的出现暂时无法从根本上避免，那么其比例的高低就是制约无核葡萄育种效率的重要因素之一。显然，将畸形苗丢弃的行为不值得提倡，关键是预防和挽救。本试验提出将葡萄胚挽救过程中出现的畸形苗进行分类研究，初步探讨了胚挽救过程中畸形苗的形成原因，并对其进行了转化利用试验，以期为通过减少胚挽救过程中产生的畸形苗数量来提高葡萄育种效率提供理论指导和试验参考。

**1. 试验材料**　本节中添加了红宝石无核自交、意大利无核自交和优无核自交等3个材料，其均为欧洲葡萄（*V. vinifera*）品种。

**2. 试验方法**　田间杂交、胚挽救步骤及数据调查及分析见第二章试验方法部分。裸胚接种至胚萌发培养基（WPM＋BA

0.2mg/L）1个月后，调查胚萌发数和萌发后形成的正常苗和畸形苗情况，并以发育胚为基数计算胚萌发率，以萌发胚为基数计算畸形苗率。本试验提出，根据外观形态的差异，将胚挽救过程中产生的畸形苗进行归类研究。同时对亲本基因型、培养基、低温预处理及多胚对胚挽救过程中畸形苗的形成率进行了调查。另外，我们对胚挽救过程中出现的各种畸形苗的概率进行统计分析后，挑选了两种典型的畸形苗进行转化试验。

（1）杂交亲本基因型对畸形苗形成率的影响　本试验所用的母本为红宝石无核、红脸无核、黑大粒、粉红无核4种，所用的父本为黑奥林和双优两种。具体的杂交设置如表34所示。

（2）葡萄多胚现象对畸形苗形成的影响　本试验在各葡萄品种适宜的采收期将其杂交幼果带回实验室的同时，添加了'意大利无核'和'优无核'等品种的自然授粉幼果。在各葡萄品种结束胚珠内培养，进行剥胚的同时，统计多胚现象发生的品种和概率，标记后接种至胚萌发培养基 WPM＋6-BA 0.2mg/L 上，1个月后，调查畸形苗率和胚萌发率。

（3）预冷处理对畸形葡萄苗形成的影响　本试验以红宝石无核自然授粉的幼果为材料，在其最佳采收期（DAF 63d）将其采摘带回实验室后，对其幼果进行低温（4℃）预处理20d后，无菌条件下将其胚珠接种至胚形成培养基 MM4＋香蕉泥 500mg/L 上。3个月后，将其接种至胚萌发培养基 WPM＋6-BA 0.2mg/L 上，1个月后，调查胚萌发率和畸形苗率。

（4）不同培养基对红宝石无核自交的畸形苗形成的影响　以红宝石无核葡萄自然授粉的幼果为试验材料，以 MS 为基础培养基，分别添加 $ZnSO_4$ 10μmol/L、$GA_3$ 10μmol/L＋IAA 10μmol/L、香蕉泥 500mg/L 作为不同的胚形成培养基，进行胚珠内培养。3个月后，剥胚后接种至胚萌发培养基 WPM＋6-BA 0.2mg/L 上，同时统计胚形成率，一个月后，统计胚萌发率和畸形苗率。

以 MM4＋香蕉泥 500mg/L 作为胚形成培养基，将红宝石无核葡萄自交的种子在其最佳采收期采摘后，进行胚珠内培养 3 个月，进行剥胚，以 WPM＋6-BA 0.2mg/L 为基础培养基，分别添加 ZnSO$_4$ 10$\mu$mol/L 和香蕉泥 500mg/L 作为不同胚萌发培养基，一个月后调查胚萌发率和畸形苗率。

（5）葡萄杂种胚挽救过程中出现的畸形苗转化利用研究　本试验中，我们选择了单子叶畸形苗和子叶扭曲褶皱状畸形苗这两种出现概率大的畸形苗种类进行转化试验。以 2MS＋6-BA 0.4mg/L＋IBA 0.1mg/L 为基础转化培养基，分别添加 ZnSO$_4$ 10$\mu$mol/L 和香蕉泥 500mg/L 作为不同转化培养基，在胚萌发后 4 周，对畸形苗转化试验，2 周后观察其外观形态的变化，将转化正常的幼苗统计后，计算转化率，同时对其进行继代扩繁，为下一步炼苗移栽做准备。

**3. 结果与分析**

（1）葡萄畸形苗的分级　在利用胚挽救技术进行葡萄育种的过程中，胚萌发后，并非所有的胚都能发育成长为正常的苗子。本试验中提出，根据胚挽救过程中产生的葡萄畸形苗表现出的外观形态的不同，将其分为以下 7 类：①单子叶畸形苗；②无叶无根苗；③子叶扭曲褶皱状畸形苗；④分化过程中形成的白化苗；⑤下胚轴形成短根，但没有子叶；⑥上胚轴形成子叶，但没有根；⑦萌发后早期停止生长的小苗，进行研究。具体情况如图 40 所示。

（2）葡萄不同基因型对畸形苗形成的影响　不同杂交组合的葡萄畸形苗形成比例不同，如表 34 所示。不同的基因型，畸形苗的比例变化范围从 58.0％到 2.8％。同样以黑奥林做父本，红宝石无核×黑奥林的畸形率（50.3％）远远高于黑大粒×黑奥林（2.8％）。同样地，双优作为父本的杂交组合红脸无核×双优的畸形率为 50.7％，远远高于粉红无核×双优（13.0％）。而红宝石无核自交的畸形率（58.0％）和杂交组合红宝石无核×黑奥林的畸

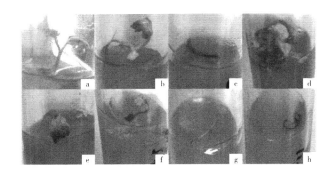

图 40　葡萄胚萌发培养基上出现的畸形苗

a. 正常植株　b. 单子叶畸形苗　c. 无叶无根苗　d. 子叶扭曲褶皱状
畸形苗　e. 分化过程中形成的白化苗　f. 下胚轴形成短根，但没有子叶
g. 上胚轴形成子叶，但没有根　h. 萌发后早期停止生长的小苗

形率（50.3％）差异不显著。同样地，红脸无核自交的畸形率
（52.8％）和杂交组合红脸无核×双优的畸形率（50.7％）差异
不显著。说明胚挽救过程中产生的葡萄畸形苗的形成率主要受其
母本基因型影响。

表 34　不同葡萄品种组合的畸形苗形成的比较

| 组合 | 胚培养数 | 胚萌发数 | 正常苗 | | 畸形苗 | |
|---|---|---|---|---|---|---|
| | | | | ％[1] | | ％[2] |
| 红宝石无核×黑奥林 | 93 | 82±5.6cd | 39±7.9a | 47.4±8.3c | 41±5.6c | 50.3±9.3a |
| 红脸无核×双优 | 102 | 91±3.6c | 44±4.4a | 48.3±3.2c | 46±1.7c | 50.7±3.9a |
| 黑大粒×黑奥林 | 84 | 73±3.0d | 72±3.0b | 98.6±0.1a | 2±1.7d | 2.8±2.5b |
| 粉红无核×双优 | 98 | 88±7.0cd | 77±5.3b | 88.1±12.3b | 12±11.4d | 13.0±11.4c |
| 红宝石无核自交 | 124 | 112±9.6b | 47±5.3a | 42.0±3.2c | 65±6.6a | 58.0±3.2a |
| 红脸无核自交 | 169 | 149±15.1a | 76±4.4b | 51.5±7.4c | 79±7.5b | 52.8±1.1a |

注：正常苗率＝正常苗的数量/胚萌发数×100％；畸形苗率＝畸形苗的数量/胚萌发数×100％。

（3）葡萄多胚现象对畸形苗形成的影响　在葡萄育种的胚挽救过程中，红宝石无核×黑奥林，红宝石无核自交，意大利无核自交和优无核自交这 4 个组合中，都出现了多胚现象。多胚的萌发结果如图 41 所示。无论在那个组合中，多胚现象的出现概率都很小（不超过 5%），但是值得一提的是，多胚有助于消除畸形苗的出现。只要将多胚分开为单一的胚，并将其逐一接种到新鲜的胚萌发培养基 WPM＋6-BA 0.2mg/L 上，就可以完全消除畸形苗的产生，并且其萌发率也可以达到 100%。

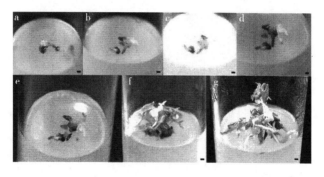

图 41　杂交组合红宝石无核自交的多胚萌发动态

a. 接种 9d 后的胚　b. 接种 13d 后的胚　c. 接种 15d 后的胚　d. 接种 19d 后的胚　e. 接种 26d 后的胚　f. 接种 42d 后的胚　g. 接种 49d 后的胚。标尺为 1mm。

（4）预冷处理对红宝石无核自交的畸形苗形成的影响　预冷处理对红宝石无核自交的畸形苗形成的影响如表 35 所示。可以看出，对红宝石无核葡萄自然授粉的幼果在接种至胚形成培养基前 20d 进行 4℃ 的低温预处理后，畸形苗的形成率降低为 36.0%，远远低于对照（46.9%），差异达显著水平。同时，低温处理也将胚萌发率从 81% 增加至 89%，差异达显著水平。说明适当的低温（4℃）预处理有助于提高葡萄胚挽救育种的效率。

**表 35　低温处理对红宝石无核葡萄自交的畸形苗形成的影响**

| 处理 | 萌发率[1]（%） | 正常苗数量 | 畸形苗数量 | 畸形率[2]（%） |
|---|---|---|---|---|
| 4℃ 20d | 89±1.7a | 57±4.0a | 32±2.6a | 36.0±3.0a |
| 对照 | 81±2.6b | 43±3.6b | 38±5.6b | 46.9±6.9b |

注：[1] 萌发率＝胚萌发数/胚形成数×100%；[2] 畸形苗率＝畸形苗的数量/胚萌发数×100%。

（5）不同培养基对红宝石无核葡萄自交的畸形苗形成的影响

①不同胚形成培养基对红宝石无核葡萄自交的畸形苗形成的影响。不同胚形成培养基对红宝石无核葡萄自交的畸形苗的影响如表 36 所示。结果表明，在 MS 中添加激素（$GA_3$ 10μmol/L＋IAA 10μmol/L）严重抑制了胚萌发的同时也促进了畸形苗的产生。相反地，添加 $ZnSO_4$ 10μmol/L 的培养基的畸形苗率（29%）和添加香蕉泥 500mg/L 的培养基的畸形苗率（24%）均较对照培养基 MS 的畸形苗率（43%）有所降低，并达显著性水平差异。同时，MS＋香蕉泥 500mg/L 的培养基获得了最高的胚萌发率（91.4%）。

**表 36　不同胚形成培养基成分对红宝石无核葡萄自交的畸形苗形成的影响**

| 培养基 | 萌发率[1]（%） | 正常率[2]（%） | 畸形率[3]（%） |
|---|---|---|---|
| MS | 90.7±1.4a | 57±5.3b | 43±6.1b |
| MS＋$ZnSO_4$10μmol/L | 89.3±2.2a | 71±5.6a | 29±4.0c |
| MS＋$GA_3$ 10μmol/L＋IAA 10μmol/L | 83.1±2.9b | 44±7.0c | 56±7.9a |
| MS＋香蕉泥 500mg/L | 91.4±1.8a | 76±8.9a | 24±3.0c |

注：[1] 萌发率＝胚萌发数/胚形成数×100%；[2] 正常率＝正常苗的数量/胚萌发数×100%；[3] 畸形率＝畸形苗的数量/胚萌发数×100%，下同。

②不同胚萌发培养基对红宝石无核葡萄自交的畸形苗形成的影响。不同胚萌发培养基对红宝石无核葡萄自交的畸形苗形

成的影响如表 37 所示。WPM＋6-BA 0.2mg/L＋香蕉泥
500mg/L 作为胚萌发培养基，获得最高的胚萌发率（93.4%）
的同时，畸形苗的形成率也最低（32%），且较对照达显著水
平降低。而添加 $ZnSO_4$ 后，畸形苗的形成（37%）也较对照有
所降低（45%），但是降低水平不显著，且其对胚萌发几乎没
有影响。

表37　不同胚萌发培养基成分对红宝石葡萄
自交的畸形苗形成的影响

| 培养基 | 萌发率（%） | 正常率（%） | 畸形率（%） |
| --- | --- | --- | --- |
| WPM＋6-BA 0.2mg/L | 91.1±1.7a | 55±4.0b | 45±5.3a |
| WPM＋6-BA 0.2mg/L＋$ZnSO_4$10μmol/L | 91.3±1.7a | 63±5.6ab | 37±2.6ab |
| WPM＋6-BA 0.2mg/L＋香蕉泥 500mg/L | 93.4±1.1a | 68±4.6a | 32±4.4b |

（6）葡萄杂种胚挽救过程中出现的畸形苗转化利用研究

①葡萄杂种胚挽救过程中出现的畸形苗转化后的形态表现。
试验结果显示，胚挽救过程中产生的每种类型畸形苗的形成概率
是随机和不固定的。本试验中，我们选择了两种出现概率大的畸
形苗种类（单子叶畸形苗和子叶扭曲褶皱状畸形苗）进行转化试
验。转化结果如图 42 所示。畸形苗转接至转化培养基后，从外
观形态上表现出 3 种转化结果：a. 转化形成具有正常茎和叶的
植株；b. 组织周围形成大量簇生芽；c. 退化形成愈伤组织。在
通常情况下，将簇生芽或转化后的正常苗转接至生根培养基后，
2 周左右即可形成健康的小苗。

②不同培养基成分对葡萄畸形苗转化率的影响。不同培养基
成分的设置如表 38 所示。在胚萌发后 4 周，我们对畸形苗进行转
化试验，实现了单子叶畸形苗和子叶扭曲褶皱状畸形苗转化为正
常的植株。"2MS＋6-BA 0.4mg/L＋IBA 0.1mg/L＋香蕉泥

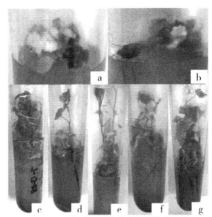

图 42　葡萄畸形苗的转化表现

a. 分化和形成愈伤组织　　b. 簇生芽　　c、d、e. 子叶扭曲褶皱状畸形苗经过诱导形成健康的茎叶　　f、g. 单子叶畸形苗经过诱导形成正常植株

"500mg/L"的转化率（27.9%）比"2MS＋6-BA 0.4mg/L＋IBA 0.1mg/L＋ZnSO₄ 10μmol/L"（21.0%）高，且与对照差异达显著水平。值得指出的是，将畸形苗转接至新鲜的对照培养基"2MS＋6-BA 0.4mg/L＋IBA 0.1mg/L"也能获得转化正常的小苗，虽然转化率只有 12.0%。这说明将畸形苗转接至合适的新鲜培养基也是一个消除畸形苗的有效途径。特别指出的是，转移时间非常重要，如果错过适当的时期（胚萌发后 4 周），转接至新鲜的合适培养基也无济于事。

表 38　不同培养基成分对葡萄畸形苗的转化试验

| 培养基 | 待转化的畸形苗数量 | 转化成功的苗子 | |
| --- | --- | --- | --- |
| | | | （%）[1] |
| 2MS＋6-BA 0.4mg/L＋IBA 0.1mg/L | 11 | 1±1.0b | 12.0±12.5b |
| 2MS＋6-BA 0.4mg/L＋IBA 0.1mg/l＋ZnSO₄ 10μmol/L | 19 | 4±1.7ab | 21.0±8.1ab |

（续）

| 培养基 | 待转化的畸形苗数量 | 转化成功的苗子 | |
|---|---|---|---|
| | | | （%）[1] |
| 2MS＋6-BA 0.4mg/L＋IBA 0.1mg/L＋香蕉泥 500mg/L | 23 | 6±2.6a | 27.9±17.1a |

注：[1] 转化率＝转化成功的苗子数量/待转化的畸形苗数量×100%。

### 4. 讨论

（1）葡萄杂种幼胚胚挽救过程中出现的畸形苗的类型　我们课题组前期试验发现，由于胚挽救过程中畸形苗的出现占了不小的比例，其严重制约了利用胚挽救技术进行无核葡萄育种的效率（Tian et al.，2008；唐冬梅，2010）。这也在其他葡萄育种工作者的试验中得到了印证（Emershad and Ramming，1984，1989；Liu et al.，2003；Ponce et al.，2002；Valdez，2005）。本研究也发现，在葡萄胚挽救育种的过程中，并非所有的胚萌发后，都可以形成正常的植株，因此我们针对胚挽救过程中产生的畸形苗进行了研究。从节约人力财力角度考虑，丢弃畸形苗的做法显然不值得推荐，而对其进行预防和转化才是根本之道。本试验中提出，根据葡萄畸形苗的外观形态的不同，将胚挽救过程中产生的畸形苗分为以下 7 类：①单子叶畸形苗；②无叶无根苗；③子叶扭曲褶皱状畸形苗；④分化过程中形成的白化苗；⑤下胚轴形成短根，但没有子叶；⑥上胚轴形成子叶，但没有根；⑦对萌发后早期停止生长的小苗，进行研究。研究发现，每种类型畸形苗的形成概率是随机和不固定的。

（2）葡萄杂种胚挽救过程中形成畸形苗的因素　不同的葡萄品种对胚挽救技术的适应性不同，而这种适应性受特定的基因型控制（Goldy et al.，1987；Ponce et al.，2000；Tian et al.，2008；Tang et al.，2009）。本研究结果显示，杂种畸形苗的形成主要受母本基因型的影响，而父本基因型对之只起到次要作用。根据 Liu et al.（2003）的研究结果，胚挽救过程中畸形苗的出现可能与胚发育水平相关。Valdez（2005）的研究结果显示，大部分（80％）发育正常的植株都是由切开胚珠获取胚的方法得到的；在胚培养 240d 后，直接萌发的最终胚萌发率为24.5％，而畸形苗就占到了 57％的比例。因此，他不推荐采取胚直接萌发的方法，而建议采取剥胚的方法进行胚萌发。

Negral et al.（1934）首次报道了葡萄种子中发现多胚现象。Emershad et al.（1994）首次发表了适宜多胚发育的 ER 培养基。一些学者认为，无核葡萄的多胚主要是起源于合子胚的体细胞胚（Durham et al.，1989；Ramming et al.，1990；Mariscalco and Crespan 1995）。Ponce et al.（2002）指出，无核葡萄多胚的形成主要是受基因型、胚龄和培养基及其相互作用的影响。本试验中，在结束胚珠内培养，将胚珠切开，剥离胚并将其接种至胚萌发培养基进一步培养时，在个别组合中（红宝石无核×黑奥林，红宝石无核自交，意大利无核自交，优无核自交），有多胚现象的出现。离体培养结果显示，虽然多胚现象的出现概率很小（不超过 5％），但值得一提的是，多胚有助于消除畸形苗的出现。只要将多胚分开为单一的胚，并将其逐一接种到新鲜的胚萌发培养基上，就可以消除畸形苗的产生，并且胚萌发率也可以达到 100％。所以，我们认为胚挽救过程中个别葡萄品种产生的多胚现象有助于提高胚挽救育种效率。Valdez（2005）的试验结果，在优无核×黎明无核的杂交组合中也得出了相同的结论。根据 Mariscalco and Crespan（1995）的结论，多胚现象可能决定于基因型 RxD＜RxC＜BrxCr＜Bx73＜CrxMl＜CrxSe＜SxD＜FxBe。

Sharma et al.（1996）指出，不经过低温的胚会表现出低活力和低萌发力，导致植物产生花环生长的畸形叶并迅速进入休眠阶段，而如果在将胚转移至新鲜培养基后置于一个冰盒中（1～5℃）至少 40d，将形成正常生长的植株。Ander et al.（2002）

也报道了在桃子的胚培养过程中，采用低温处理可以提高种子胚培养的萌发成活率。在核果类的未成熟胚培养中，低温对胚发育和胚萌发的促进作用，已得到广泛认同（Ander et al.，2002；Ramming，1990）。我们的实验结果发现，接种前 20d 进行低温（4℃）预处理后，不仅可以有效地降低畸形苗的数量，同时胚的萌发率也得到了显著性增加。所以，我们得出结论，适当条件的低温预处理也有助于促进胚挽救效率。这可能与低温打破种子休眠有关。

在离体培养过程中，胚乳的败育优先于胚败育这个事实说明了胚败育是由于胚在发育过程中营养出现匮乏（Stout，1939；Raghavan，1966）。Smith（1973）的营养分析试验结果显示，胚乳组织中含有高水平的氨基酸。Tian et al.（2008）指出葡萄胚珠对不同种类的氨基酸响应效果不同。本研究中不同胚形成培养基的试验结果表明，在 MS 中添加激素（$GA_3$ $10\mu mol/L$＋IAA $10\mu mol/L$）严重抑制胚萌发的同时也促进了畸形苗的产生。Bharathya（2008）在豇豆的研究中得出了类似的结论。Leshem et al.（1985）指出，培养基中添加激素后促进和诱导了畸形苗的产生，可能是由于生长素和细胞分裂素的比例不均衡造成的。相反地，添加 $ZnSO_4$ $10\mu mol/L$ 的胚形成培养基的畸形苗率（29％）和添加香蕉泥 500mg/L 的胚形成培养基的畸形苗率（24％）均较对照胚形成培养基 MS 的畸形苗率（43％）有所降低，并达显著性水平差异。同时，MS＋香蕉泥 500mg/L 的胚形成培养基获得了最高的胚萌发率（91.4％）。另外，不同的胚萌发培养基的试验结果表明，WPM＋6-BA 0.2mg/L＋香蕉泥 500mg/L 作为胚萌发培养基，获得最高的胚萌发率（93.4％）的同时，畸形苗的形成率也较对照达显著水平降低。我们分析这可能是由于香蕉中含有丰富的营养物质，它作为一种天然有机添加剂为植物提供生长所需的氨基酸和微量元素。目前国际上，在葡萄培养基的研究领域中，水解酪蛋白（casein hydrolysate，

CH）和水解乳蛋白（lactoalbumin hydrolysate，LH）（Glimelius et al.，2006；Al-Khayri et al.，2011；Wang et al.，2011；Siwach et al.，2012）的应用也十分广泛。接下来的试验中，激素的浓度和种类，以及更多种类的天然营养物质，例如，椰乳、麦芽提取物等添加剂，将是我们工作突破的重点。

（3）葡萄杂种幼胚胚挽救过程中畸形苗的转化利用　本研究对单子叶畸形苗和子叶扭曲褶皱状畸形苗进行的转化试验结果显示，我们实现了畸形苗的转化，得到了正常的植株。畸形苗转接至转化培养基后，从外观形态上表现出 3 种转化结果：①转化形成具有正常茎和叶的植株；②组织周围形成大量簇生芽；③退化形成愈伤组织。通常情况下，在将簇生芽或转化后的正常苗转接至生根培养基后，2 周左右即可形成健康的小苗。转化培养基"2MS＋6-BA 0.4mg/L＋IBA 0.1mg/L＋香蕉泥 500mg/L"的转化率较高。另外，在胚萌发后 4 周，将畸形苗转接至新鲜的对照培养基"2MS＋6-BA 0.4mg/L＋IBA 0.1mg/L"也能获得转化正常的小苗，虽然转化率只有 12.0%。这说明将畸形苗转接至合适的新鲜培养基也是一个消除畸形苗的有效途径。特别指出的是，转移时间非常重要，如果错过适当的时期（胚萌发后 4 周），转接至新鲜的合适培养基也无济于事。

### （七）无核葡萄胚挽救苗的驯化及移栽技术

无核葡萄胚挽救苗从实验室移栽至大田的最终成活率，受到诸多因素的影响，这直接影响无核葡萄的育种效率。要将葡萄胚挽救苗从实验室移栽至大田，需历经"试管苗—温室—大田"的过程，葡萄胚挽救苗经历了一个半自养到自养、高湿到低湿、恒温到变温、无菌到有菌的生长状态（潘学军等，2004），由于这一系列外部生长条件的变化和其自身生理特性和解剖特性的不同，导致葡萄胚挽救苗的最终成活率普遍较低，甚至无法成活，这一直是困扰葡萄育种工作者的重要问题。因此，初步探索出一套简单易行、实用高效的葡萄胚挽救苗优化配套移栽技术，成为完善胚挽救体系的重要一环。因此，本研究旨在创建一套葡萄胚挽救苗驯化和移栽的优化配套技术，为提高葡萄胚挽救育种的效率提供依据，为葡萄胚挽救苗田间生物学性状的鉴定奠定科学基础。

### 1. 材料与方法

（1）供试材料　本试验于 2013-07～08 在山西省农业科学院果树研究所的国家果树种质资源太谷葡萄圃内（东经 112°32′，北纬 37°23′），采取 4 个种子败育型（Stenospermocarpy）无核葡萄品种'红宝石无核''无核翠宝''皇家秋天''无核白'自然授粉的幼果为材料，2013-07 至 2014-03 在山西农业大学园艺学院果树学省重点学科实验室进行胚挽救试验，2014-03 至 2014-05 在山西农业大学园艺站炼苗室和葡萄温室进行胚挽救苗驯化和移栽试验。

（2）取样方法和前处理　据 4 个不同葡萄品种的生长特性和前期试验，分别在各葡萄品种'无核翠宝'（Wuhe Cuibao）'红宝石无核'（Ruby Seedless）'皇家秋天'（Autumn Royal）'无核白'（Thomson Seedless）的盛花期（花穗中约 50％的小花开放）后 49d、60d、65d、29d，随机摘取各葡萄品种生长良好、无病虫害的自然授粉不成熟果粒，带回实验室进行胚挽救操作。具体胚挽救程序和条件依照前期试验方法进行（Ji et al，2013）。

（3）试验方法　所有的胚挽救苗均在初春季节开始驯化（2014-03～04），初夏季节进行移栽（2014-05）。具体操作步骤如下：用无菌水将已经光照锻炼的胚挽救苗根部洗净，0.1％ $KMnO_4$ 浸根 10s 后，移栽至盛有灭菌培养基质的营养钵中，加扣塑料杯，以保持湿度，然后排列于托盘内，放入炼苗室培养，同时标记品种名称、移栽日期。炼苗室具体培养条件为：温度 23℃±1℃，湿度由塑料杯的开口大小进行调节，光照时间从 12h/d 逐渐增加为 16h/d。待炼苗室的胚挽救苗长出 3cm 新根，叶色加深后，移栽到盛有营养土的营养钵中，在温室中继续锻炼，随后移至大田，统计胚挽救苗成活率。

（4）数据统计与分析 采用 DPS（Data Processing System，v 13.5）软件进行统计分析。

**2. 结果与分析**

（1）不同葡萄品种对移栽成活率的影响 从表 39 可以看出，不同无核葡萄品种之间，胚挽救苗的移栽成活率存在差异。红宝石无核在炼苗室成活率和温室成活率均显著高于其他无核葡萄品种。无核白的炼苗室成活率和温室成活率均比其他无核葡萄品种低。这可能是由于各不同品种的遗传背景和对环境变化的适应力不同。

表 39 不同葡萄品种移栽成活率比较

| 葡萄品种 | 移栽株数（株） | 炼苗室移栽成活率（%） | 温室移栽成活率（%） |
|---|---|---|---|
| 无核翠宝 | 47 | 83.0 | 57.4±4.0b |
| 红宝石无核 | 56 | 91.1 | 64.3±2.0ab |
| 皇家秋天 | 39 | 71.8 | 48.7±5.0cd |
| 无核白 | 27 | 70.4 | 40.7±4.0d |

（2）不同红宝石无核葡萄胚挽救苗的质量对移栽成活率的影响 葡萄胚挽救苗自身的质量直接影响后期移栽成活率。从表 40 可以看出，健壮苗的移栽成活率显著高于次健壮苗，而畸形苗由于自身表型和内在缺陷，直接导致移栽大田后无法成活。这可能是由于胚挽救苗自身的强壮程度，决定了其对环境变化的适应力，而畸形苗无论是外在表型还是内在遗传构造都存在缺陷，导致水分和营养物质的运输力受阻，即使在实验室条件下勉强存活，在遇到外界条件发生变化的时候，最终因为无法适应导致死亡。

**表40    红宝石无核葡萄胚挽救苗质量对移栽成活率的影响**

| 移栽苗类型 | 评价指标 | | | | | | 移栽株数（株） | 成活率（%） |
|---|---|---|---|---|---|---|---|---|
| | 根数（个） | 根长（cm） | 叶数（个） | 叶色 | 茎高（cm） | 茎秆 | | |
| 健壮苗 | ≥3 | 10 | ≥6 | 深绿 | ≥10 | 粗壮 | 56 | 94.6±2.0a |
| 次健壮苗 | 1~3 | 1~9 | 1~6 | 浅绿 | 5~10 | 纤细 | 49 | 57.4±6.0b |
| 畸形苗 | 白化苗、玻璃化苗、有根无叶苗、有叶无根苗 | | | | | | 50 | 0±0c |

（3）不同移栽方法对红宝石无核葡萄胚挽救苗移栽成活率的影响　由表41可以看出，不同的移栽方法对胚挽救苗的移栽成活率有显著影响，炼苗时间是红宝石无核葡萄胚挽救苗的移栽成活率的关键决定因子之一。另外，生根粉的合理使用也可显著提高其移栽成活率，这可能是由于增加了胚挽救苗的根数和根长，有利于从基质中吸收营养物质和水分，增加了胚挽救苗的健壮程度，从而提高了对环境的适应力造成的。

**表41    不同移栽方法对红宝石无核葡萄胚**
**挽救苗移栽成活率的影响**

| 移栽方法 | 移栽株数（株） | 成活率（%） |
|---|---|---|
| 生根粉*＋培养室炼苗15d＋温室炼苗15d | 56 | 76.8±3.0a |
| 炼苗室炼苗15d＋温室炼苗15d | 51 | 68.6±4.0b |
| 炼苗室炼苗10d＋温室炼苗10d | 47 | 48.9±3.0c |

*注：生根粉为ABT10，浓度为200mg/kg，蘸取时间为30s。

（4）不同基质种类和组成对葡萄胚挽救苗移栽成活率的影响　不同的基质种类和组成对红宝石无核葡萄的移栽成活率有显著影响，详见表42。珍珠岩：草炭：园土＝4∶1∶1作为基质的移栽效果最好，而河沙：园土＝1∶1作为基质的移栽效果最差。这表明，作为红宝石无核葡萄胚挽救苗的移栽基质，保持一定的疏松度，可以保持良好的通气性和保水性，也有利于新生根的扎根生长，从而提高移栽成活率。

**表 42　不同移栽基质对红宝石无核葡萄胚挽救苗移栽成活率的影响**

| 移栽基质 | 移栽株数（株） | 成活率（%） |
|---|---|---|
| 珍珠岩 | 57 | 77.2±3.0ab |
| 珍珠岩：蛭石＝1：1 | 56 | 57.1±4.0b |
| 河沙：园土＝1：1 | 47 | 27.7±5.0c |
| 珍珠岩：草炭：园土＝4：1：1 | 68 | 80.9±3.0a |

**3. 讨论与结论**　葡萄胚挽救技术的发展和应用，大大提高了无核葡萄的育种进程（Ji et al.，2013）。然而，后期的试管苗移栽成活率却一直达不到预期的目标，使得很多来之不易的胚挽救苗，由于最终无法在大田成活，半途而废，葡萄胚挽救苗的后期田间苗期性状鉴定更是无从谈起（潘学军等，2004）。因此，不断提高无核葡萄胚挽救苗的驯化移栽成活率是促进无核葡萄育种进程的关键因子之一（李玉玲等，2011）。另外，学者们在毛冬青（柳跃等，2014）、草莓（郭艳等，2014）、桂花（曹莉芬，2014）等植物的炼苗移栽工作上也已经取得了相关进展。

合理的配制移栽基质是影响无核葡萄胚挽救苗成活的关键因素之一。李玉玲等（2011）认为用椰糠作为移栽基质组成部分，可以改善透气性，促进根系毛根的生长；定期浇灌营养液，能增加胚挽救苗的生长量，提高其对外界环境的适应力，这都能显著提高无核葡萄胚挽救苗的成活率。任杰等（2009）的试验结果表明，采用基质分层技术（即上层选用孔隙度大、透气好的蛭石或珍珠岩，下层选用保墒性能好的田间土）进行移栽，胚挽救苗的成活率显著高于使用单种特定基质。本试验的研究结果表明，珍珠岩：草炭：园土＝4：1：1作为基质的移栽效果较好。

葡萄胚挽救苗的质量也是影响其移栽成活率的关键因素之一。另外，我们发现由于茎与根相接部位有愈伤组织的胚挽救苗在清洗时特别容易掉根，导致胚挽救苗移栽后无法成活，即使小心清洗未掉根，移栽后生长状况均极差。这与侯涛义（2012）和潘学军（2004）等的试验结果一致。曹孜义（1993）认为，这是由于愈伤组织阻碍了疏导组织的通达性，使得整个植株上下部分的营养物质及水分等运输受阻，造成试管苗的移栽成活率极低。因此，建议尽量选取茎基部无愈伤组织的健壮苗作为移栽材料。

总之，本试验从葡萄种类、胚挽救苗质量、移栽方法、基质种类和组成 4 个方面，研究它们对葡萄胚挽救苗移栽成活率的影响，得出结论：不同无核葡萄品种移栽成活率存在差异；选取健壮苗进行炼苗移栽，可以显著提高无核葡萄胚挽救苗的成活率；蘸取浓度为 200mg/kg 的生根粉（ABT10）30s＋培养室炼苗 15d＋温室炼苗 15d 的移栽方式较好；珍珠岩：草炭：园土＝4：1：1 作为移栽基质较好。

# 第五章　目标性状的鉴定

## 一、葡萄无核性状和染色体倍性鉴定

### （一）葡萄无核性状鉴定

#### 1. 材料与方法

（1）葡萄无核分子标记　用本课题组获得的 GSLP1，以及报道的 SCC8、SCF27 无核探针对葡萄杂交品种的基因组 DNA 进行 PCR 扩增，能扩增出特定的条带的，初步认定为具有无核性状。具体如表 43 所示。

**表 43　葡萄无核分子标记**

| 名称 | 类型 | 引物序列 |
|---|---|---|
| GSLP1-569 | SCAR 标记 | 5′-CCAGTTCGCCCGTAAATG-3′ |
| SCC8-1018 | SCAR 标记 | F：5′-GGTGTCAAGTTGGAAGATGG-3′ |
| | | R：5′-TATGCCAAAAACATCCCC-3′ |
| SCF27-2000 | SCAR 标记 | F：5′-CAGGTGGGAGTAGTGGAATG-3′ |
| | | R：5′-CAGGTGGGAGTAAGATTTGT-3′ |

（2）葡萄基因组 DNA 的提取

①取 0.5g 幼叶，置研钵中，反复加入液氮进行充分的研磨，直至成粉末状；

②迅速将粉末转入 2mL 离心管中，管中已加入 CTAB 提取缓冲液 760μL [Tris 100mmol/L（pH8.0），NaCl 1.4mol/L，EDTA 50mmol/L，CTAB 2%，PVP 2%]、β-巯基乙醇 20μL，充分混匀；

③65℃水浴 30min，水浴过程中将管盖开闭并晃动 3 次；

④冷却至室温，加等体积的氯仿：异戊醇＝24：1（V/V），约 900μL，混匀；

⑤常温离心，12 000r/min，15min；

⑥取 2mL 离心管，将上清液（约 750μL）转入其中；

⑦加入与上清液等体积的氯仿：异戊醇（V/V 为 24：1），倒转离心管数次，混匀；

⑧常温离心，12 000r/min，15min；

⑨重复 f～h 步骤 2 次，使有机相与水相交界处白色杂质消失；

⑩取 5mL 离心管，将上清液（约 650μL）转入其中。加入预冷过的 2×上清液体积的无水乙醇或等体积异丙醇，轻轻旋转试管，然后静置沉淀 DNA，管内有絮状 DNA 出现；

⑪取 1.5mL 离心管，加入 1mL 70％乙醇，将 DNA 挑入其中，轻轻晃动洗涤，倒掉 70％乙醇，加入 1mL 无水乙醇洗涤一次，倒掉无水乙醇，用枪头吸干无水乙醇。放置在超净工作台上，风机打开 10～15min 至乙醇挥发干净；

⑫加入 TE 500μL［Tris·HCl 10mmol/L（pH8.0），EDTA 1mmol/L（pH8.0）］溶解 DNA；

⑬待 DNA 完全溶解后，加入 10mg/mL RNA 酶 1μL（终浓度约为 20μg/L）。37℃温育 30min；

⑭再次加入等体积的氯仿：异戊醇（V/V 为 24：1），倒转离心管数次，混匀，常温离心，12 000r/min，10min，取 1.5mL 离心管，将上清液转入其中；

⑮加入 2×体积预冷的无水乙醇，1/10 体积 NaAc 3mol/L（pH5.2），－20℃放置过夜，沉淀 DNA；

⑯取 0.5mL 离心管，用 70％乙醇 0.5mL 和无水乙醇 0.5mL，各洗涤 DNA 一次，用枪头吸干无水乙醇。在超净工作台上充分干燥；

⑰加入 TE $50\sim100\mu L$ [Tris·HCl 10mmol/L（pH8.0），EDTA 1mmol/L（pH8.0）] 溶解 DNA；

⑱将 DNA 样分装，一部分供近期使用，一部分长期保存，均置于 $-20$℃保存。

（3）浓度纯度测定 电泳检测：在 0.8%琼脂糖凝胶（含 EB 为 $0.5\mu g/mL$），$1\times$TAE 缓冲液（Tris·HCl 0.04mol/L，EDTA 0.001mol/L），每泳道点样 $3\mu L$，$3\sim5V/cm$ 下电泳，在凝胶成像系统下照相，检测所提的 DNA 分子量大小、浓度及纯度。

核酸蛋白检测仪检测：将溶解后的样品模板 DNA 每管取 $1.5\sim2\mu L$ 检测浓度和纯度（$OD_{260}/OD_{280}$ 比值）。

（4）PCR 反应体系

①所用的 PCR 反应体系各反应组分加样量如下，最后覆盖 $25\mu L$ 石蜡油，在 PCR 仪上进行反应。

| 反应组分 | 用量（$\mu L$） |
| --- | --- |
| $10\times$PCR Buffer（含 $Mg^{2+}$） | 2.5 |
| dNTPs（2.5mmol/L） | 2.5 |
| $MgCl_2$（25mmol/L） | 2.0 |
| Taq DNA 聚合酶（$5U/\mu L$） | 0.2 |
| 引物（$10\mu mol/L$） | 1.0 |
| 模板 DNA（$20ng/\mu L$） | 2.0 |
| dd $H_2O$ | 16.8 |
| 总体积 | 25.0 |

②PCR 扩增参数设定如下：

94℃预变性 5min；

94℃变性 1min；

36℃退火 1min；

72℃延伸 2min，共 45 个循环；

72℃保温 10min，反应终止于 4℃。

PCR 反应产物的电泳分离：用 1.2%～1.5%琼脂糖凝胶，在 1×TAE 缓冲液中电泳，电压 3～5V/cm。电泳结束后在凝胶成像系统下照相，分析检测电泳结果。

**2. 结果**

葡萄幼苗无核性状的分子标记鉴定结果：我们对部分葡萄胚挽救 F1 代杂种株系做了早期分子鉴定，用葡萄无核基因探针 GSLP1-569 对胚挽救后代杂种苗的基因组 DNA 扩增后的分子生物学检测结果如图 43、图 44、图 45 所示。

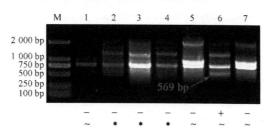

图 43　葡萄无核基因探针 GSLP1 对部分杂种基因的扩增结果

泳道 1. Marker，DL2000　泳道 2～14. 杂种植株。"＋"表示有特异带出现；"－"表示无特异带；"～"表示有核葡萄品种；"＊"表示无核葡萄品种。

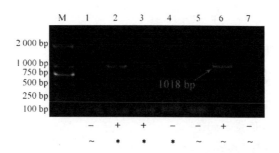

图 44　葡萄无核标记 SCC8-1018 对部分杂种基因的扩增结果

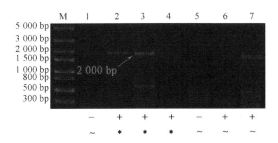

图 45 葡萄无核标记 SCF27-2000 对部分杂种基因的扩增结果

## （二）葡萄染色体倍性鉴定

**1. 材料与方法** 二倍体和四倍体杂交后代株系的染色体倍性鉴定使用德国 Partec 公司生产的流式计数分析仪（Flow cytometry），采用本课题组的方法（Ji et al，2013），在华中农业大学作物遗传改良国家重点实验室进行。具体如下：

取一片试管苗成龄叶片置于一个干净的塑料培养皿中，加入 0.5mL 的细胞裂解液 Partec HR-A，用剃须刀片将其切碎，放置 2min，将样品用 30$\mu$m 的微孔膜过滤到测试管中，再通过滤膜加 2mL 的 Partec HR-B 于样品中，染色 2min 后将样品上样于 Partec 倍性分析仪，测定样品单个细胞核内的 DNA 总量。测试结果由倍性分析仪直接绘出 DNA 含量的分布曲线。同时，以已知的二倍体和四倍体葡萄品种的试管苗叶片的 DNA 含量为对照。

**2. 结果**

（1）宏观形态学鉴定结果 我们对来自"二倍体无核×四倍体"的部分杂交组合的胚挽救 F2 代株系进行了染色体倍性水平鉴定。从外观上来看，不同倍性的葡萄植株的田间表现型不一致，随着葡萄杂交后代倍性的增加，植株的高度、叶片大小及茎粗等外观表型呈现正相关（图 46）。此外，倍性结果分为 5 种：单倍体、二倍体、三倍体、四倍体和非整倍体（图 47）。

**图 46　大田成活的不同染色体倍性的葡萄幼苗**

从右至左分别为单倍体、二倍体、三倍体和四倍体植株。

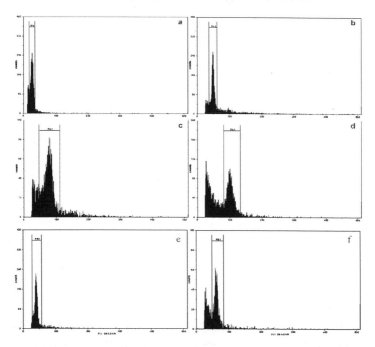

**图 47　葡萄二倍体品种与四倍体品种杂交后代幼苗的染色体变化分布**

（a）单倍体　（b）二倍体　（c）三倍体　（d）四倍体和（e、f）非整倍体植株。相对染色体含量和倍性水平按照与对照的峰值（新郁，已知其为二倍体，峰值为 50.62）比例计算得出。（a）单倍体，峰值为 26.80　（b）二倍体，峰值为 48.70　（c）三倍体，峰值为 75.42　（d）四倍体，峰值为 102.59　（e）非整倍体，峰值为 38.24　（f）非整倍体，峰值为 62.57

（2）部分杂种 F1 代叶片结构差异和染色体数目显微鉴定
对葡萄四倍体×二倍体的部分杂交组合后代进行叶片结构差异和
染色体数目显微观察。由表 44 可知，四倍体杂种 F1 代叶片栅
栏组织厚度、气孔密度及保卫细胞大小均显著大于二倍体和三倍
体杂种 F1 代叶片。

**表 44 不同倍性葡萄杂种 F1 代叶片显微结构**
**差异**（Means±SE）

| 倍性 | 栅栏组织厚度（$\mu m$） | 气孔密度（number/0.1mm$^2$） | 保卫细胞大小（$\mu m$） | |
| --- | --- | --- | --- | --- |
| | | | 长 | 宽 |
| 2x | 70.8±2.2b$^z$ | 16.2±1.1a | 19.0±0.7c | 8.7±0.6c |
| 3x | 84.0±2.8a | 13.1±1.7b | 25.1±0.4b | 11.5±0.2b |
| 4x | 94.4±3.6a | 9.8±0.6c | 34.6±2.6a | 15.8±1.1a |

注：$^z$ 不同的小写英文字母表示 $p<0.05$ 水平上差异显著。

（3）部分杂种 F1 代叶片结构差异和染色体数目显微鉴定
对葡萄四倍体×二倍体的部分杂交组合后代进行叶片结构差异和
染色体数目显微观察。由表 45 和图 48 可知，四倍体杂种 F1 代
叶片栅栏组织厚度、气孔密度及保卫细胞大小均显著大于二倍体
和三倍体杂种 F1 代叶片。

**表 45 不同倍性葡萄杂种 F1 代叶片显微结构**
**差异**（Means±SE）

| 倍性 | 栅栏组织厚度（$\mu m$） | 气孔密度（number/0.1mm$^2$） | 保卫细胞大小（$\mu m$） | |
| --- | --- | --- | --- | --- |
| | | | 长 | 宽 |
| 2x | 70.8±2.2b$^z$ | 16.2±1.1a | 19.0±0.7c | 8.7±0.6c |
| 3x | 84.0±2.8a | 13.1±1.7b | 25.1±0.4b | 11.5±0.2b |
| 4x | 94.4±3.6a | 9.8±0.6c | 34.6±2.6a | 15.8±1.1a |

注：$^z$ 不同的小写英文字母表示 $p<0.05$ 水平上差异显著。

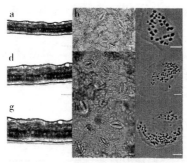

图 48　葡萄杂交后代叶片结构差异和染色体数目显微观察

a. 二倍体杂种 F1 叶片栅栏组织　b. 二倍体杂种 F1 叶片气孔（箭头指示）

c. 二倍体杂种 F1 染色体（2n＝38）　d. 三倍体杂种 F1 叶片栅栏组织　e. 三

倍体杂种 F1 叶片气孔（箭头指示）　f. 三倍体杂种 F1 染色体（3n＝57）

g. 四倍体杂种 F1 叶片栅栏组织　h. 四倍体杂种 F1 叶片气孔（箭头指示）

i. 四倍体杂种 F1 染色体（4n＝76）；红色标尺为 $100\mu m$，白色标尺为 $10\mu m$。

**3. 讨论**　由于三倍体葡萄植株的无核、生长势强、果粒大、糖度高等优点，长期以来也受到葡萄育种学家的青睐。继 1933年，日本科学家 Yamanshita 最早利用胚挽救技术获得了三倍体杂种植株以来（Yamanshita et al.，1993），全球利用胚挽救技术获得三倍体新种质的报道层出不穷（蒋爱丽等，2007；Minernura et al.，2009；Yamashita et al.，1993，1995，1998；Bessho et al.，2000；Bharathy et al.，2005；Tang，2010；Sun et al.，2011）。而利用胚挽救技术进行非整倍体植株的培育也是目前的热点（Park et al.，1999，2002；Druart，2006；Tucker et al.，2010；Glaser，2012；Reisch et al.，2012）。在三倍体葡萄育种中，二倍体作为母本比四倍体作为母本更容易收获杂种植株（Guo et al.，2010）。同时，四倍体的胚珠结实率远低于二倍体胚珠（Sun et al.，2011）。通常情况下，三倍体是通过二倍体和四倍体杂交获得，父母本染色体数目的差异会导致胚发生败育，如果不借助胚挽救技术，就很难获得健康生长的种子。本研究对二倍体无核×四倍体葡萄杂交的离体培养成苗与种子播种成苗的结果进行的对比证实了这一现象。即使同样采用离体培养的方法，二倍体与四倍体杂交的萌发成苗率（黑大粒×巨峰，11.3%）也远远低于自然授粉的萌发成苗率（巨峰自然授粉，63.7%），说明不同倍性葡萄品种之间杂交的确会产生胚的败育现象。本试验中四倍体品种"森田尼无核"作为母本的组合没有获得杂交后代，其余各杂交组合离体培养成苗率均高于其播种成苗率。说明在胚珠发育过程中，离体培养的培养基提供了额外的营养物质，补充了胚乳作为单一的营养供体引起的营养不足，胚挽救技术有助于克服三倍体品种杂交胚的败育现象，形成三倍体植株。所以，我们认为利用胚挽救方法将二倍体无核葡萄作为母本与四倍体葡萄杂交是更为理想的三倍体葡萄新种质培育途径。本研究通过此种杂交配置获得的胚挽救植株，通过流式细胞仪对染色体倍性水平鉴定，结果显示，其中有 3 个三倍体株系，分别命名为 JW3-1、JW3-2 和 JW3-3；2 个单倍体株系，命名为 JW1-1 和 JW1-2。并对其成苗扩繁后进行了炼苗移栽，已有 65 个单株在大田成活，现定植于西北农林科技大学葡萄种质资源圃，用于将来的育种研究，其中利用其作为亲本进行非整倍体的研究将是本课题组的下一步计划。

## 二、葡萄抗寒性鉴定

### （一）不同防寒措施对葡萄越冬性的影响

我国北方地区冬季寒冷是影响鲜食葡萄大规模生产的限制因素，该地区平均绝对温度低于 $-15℃$，葡萄植株极易受害，导致整体产量降低，葡萄浆果品质下降，严重时还会造成葡萄整株死亡（李鹏程等，2014）。大量实践表明，在冬季寒冷地区，葡萄需进行埋土防寒才可安全越冬，这样不但会增加劳动力成本，还会影响葡萄果实产量和品质（李慧勇等，2014）。因此，研究北方地区冬季不同防寒措施对葡萄越冬能力的影响，对该地区葡萄产量与品质的提高及葡萄种质资源的有效利用具有十分重要的意义。

葡萄的越冬性是指葡萄在越冬期间对一些不良的环境（如低温、霜冻和干旱等）的综合抵抗能力，而抗寒性是葡萄在越冬期间对零摄氏度以下温度的忍耐力，在葡萄越冬过程中发挥着重要的作用（李文明等，2014）。关于葡萄抗寒生理的研究与抗寒性的鉴定已有大量报道，认为可溶性糖、可溶性蛋白、游离脯氨酸、丙二醛含量以及酶活性等物质的变化都可以作为抗寒性评价的筛选指标（古丽孜叶·哈力克，2017；王雅琳等，2017；阿地力·衣克木等，2018）。此外，在我国北方葡萄栽培产区中，由于冬季埋土依然存在着一些问题，如埋土防寒的日期过晚会导致葡萄枝条和根系冻害，而埋土过早则会因土堆内温湿度过高而导致葡萄枝条和芽体霉变；埋土时取防寒土易对葡萄根系造成伤害；对葡萄进行埋土防寒时需大量的劳动力共同工作，而劳动力的成本逐年增加等严重制约着我国北方寒区的葡萄栽培（尚成金等，2016），近年来许多科研工作者根据各个地区的气候特点设计了相应的防寒方法，使用不同防寒材料（无纺布、秸秆、棉被、塑料膜等）进行包裹或覆盖，取得了一定的效果（胡秀艳等，2015）。

以5年生欧亚种早黑宝葡萄为试材，以冬季不埋土为对照，设置7个防寒处理：树干涂白、茎干裹黑膜、保温棉包裹、基干套白膜、保温棉覆盖、玉米秸20cm＋覆膜、铺黑地膜，研究不同防寒措施对葡萄根系附近土层温度、枝条部分生理指标的变化和枝条生长情况的影响，以期为我国北方葡萄越冬防寒措施的优化和葡萄抗寒生理方面的研究提供理论依据。

**1. 试验材料**　试验于2017年12月至2018年3月在山西省太谷县赵家葡萄园（北纬N37.43°，东经E112.57°，海拔761.0m±6.07m）进行。试验材料为5年生欧亚种早黑宝葡萄。采用篱架式种植，南北走向，Y型整形方式，设施塑料大棚栽培

（塑料大棚为钢架结构，覆盖材料为 PE 膜，长度为 110m，跨度为 6m，脊高为 3m），株行距 0.5m×2m，常规管理。

**2. 试验设计与处理**　试验设计为 7 个处理，分别为：①树干涂白；②茎干裹黑膜；③保温带包裹；④基干套白膜；⑤保温棉覆盖；⑥玉米秸 20cm＋覆膜；⑦铺黑地膜，以不埋土处理为对照（图 49）。每个防寒处理随机选取生长势较为一致的葡萄植株，单株小区，重复 3 次，其他田间管理条件基本一致。冬剪时每株葡萄主蔓上留取 4~5 枝一年生成熟枝条，每根枝条上留 6 个左右的饱满芽。12 月 10 日进行防寒措施处理，之后于 12 月 10 日、12 月 30 日、1 月 20 日、2 月 10 日、2 月 28 日进行田间采样。

（1）葡萄根系附近土壤温度的测定　进行防寒措施处理时，在每个小区内设置 5cm 和 20cm 的地温计，固定上午 10：00 读取各处理越冬期间的地温表温度并记录。

（2）葡萄枝条渗透调节物的测定　将葡萄枝条切成 2mm 左右厚的薄片，称取 0.2g 鲜样进行各项指标的测定。参照李小方等（2016）的试验方法，可溶性糖含量的测定使用蒽酮比色法并加以改进；可溶性蛋白含量的测定使用考马斯亮蓝法并加以改进；游离脯氨酸含量的测定使用茚三酮比色法并加以改进。

（3）葡萄枝条抗氧化酶和膜脂过氧化物的测定　酶液提取方法：将葡萄枝条剪成 2mm 左右厚的薄片，称取 0.5g 鲜样加入 5mL 0.05mol/L 的 PBS 冰浴研磨至匀浆，4℃ 12 000r/min 离心 20min，上清液即为酶液，4℃ 保存备用。参照邹琦（2000）的试验方法，超氧化物歧化酶活性的测定使用 NBT 法并加以改进；过氧化物酶活性的测定使用愈创木酚法并加以改进；丙二醛含量的测定使用硫代巴比妥酸法并加以改进。

（4）葡萄枝条生长情况调查　在春季气温回升后揭取覆盖物，到 3 月份调查枝条霉变率和萌芽率。

图 49　试验所用防寒措施处理

（a）对照　（b）树干涂白　（c）茎干裹黑膜　（d）保温棉包裹

（e）基干套白膜　（f）保温棉覆盖　（g）玉米秸 20cm＋覆膜　（h）铺黑地膜

枝条霉变率（％）＝霉变枝条数/调查枝条总数×100

萌芽率（％）＝萌动芽眼数/调查芽眼总数×100

（5）数据处理　用 SPSS21.0 和 Microsoft Excel 软件对数据进行计算分析和绘图。同时将整理后的数据，用模糊数学隶属度公式（张文娥等，2007）进行计算比较。

**3. 结果与分析**

（1）越冬期间试验地区的气温变化　如图 50 为试验地区 2017 年 11 月份至 2018 年 2 月份的气温变化，包括最低气温、最高气温和平均温度。越冬期间温度变化整体表现为先降低后升高，三者变化趋势基本一致。2017 年 11 月份由于冷空气的入侵空气温度开始下降，2018 年 1 月份的整体温度达到葡萄越冬期间最低，在 1 月 11 日出现极限低温 −15℃，2018 年 2 月份温度开始回升，月初出现本月的极端低温−15℃，之后温度逐渐升高。

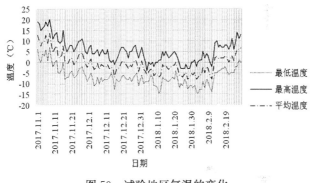

图 50　试验地区气温的变化

（2）越冬期间不同防寒措施下地温的变化　由表 46 可知，不同防寒措施下葡萄根系附近地下 5cm 处地温整体表现为先下降后上升的变化趋势，在 1 月底和 2 月初降至最低温度，与试验地区空气温度的变化趋势基本一致。在整个越冬期间尤其 2018 年 1 月 20 号左右外界空气温度达到最低值时，玉米秸 20cm＋覆膜处理下葡萄根系附近地下 5cm 处地温均显著高于其他处理，而茎干裹黑膜处理相对应的地温值与对照相同，均最低为 0.10℃。自 2 月份低空气温度开始升高后，各处理相对应的地温值均在经历最低温度后开始升高。

表 46　不同防寒措施对葡萄根系附近地下 5cm 处地温的影响

| 处理 | 温度（℃） | | | | |
|---|---|---|---|---|---|
| | 2017.12.10 | 2017.12.30 | 2018.1.20 | 2018.2.10 | 2018.2.28 |
| CK | 0.28 | 0.16 | 0.10 | 0.03 | 1.30 |
| 茎干裹黑膜 | 0.28 | 0.15 | 0.10 | 0.00 | 1.05 |
| 保温带包裹 | 0.26 | 0.20 | 0.15 | 0.00 | 1.00 |
| 树干涂白 | 0.25 | 0.18 | 0.20 | 0.10 | 1.10 |
| 基干套白膜 | 0.28 | 0.24 | 0.20 | 0.05 | 1.12 |
| 保温棉覆盖 | 0.30 | 0.26 | 0.20 | 0.10 | 1.80 |
| 玉米秸 20cm＋覆膜 | 0.41 | 0.41 | 0.32 | 0.39 | 2.10 |
| 铺黑地膜 | 0.40 | 0.26 | 0.17 | 0.08 | 1.20 |

不同防寒措施下葡萄根系附近地下 20cm 处地温变化如表 47 所示，其整体趋势表现为先下降后上升，与葡萄根系附近地下 5cm 处地温值的变化趋势一致。在整个越冬期间尤其 2018 年 1 月 20 号左右外界空气温度达到最低值时，铺黑地膜和玉米秸 20cm＋覆膜这两个处理下葡萄根系附近地下 20cm 处地温值最高，分别为 4.2℃和 3.7℃，而其他处理相对应的地温值与对照相比略有提升，但不存在显著性差异。

表 47　不同防寒措施对葡萄根系附近地下 20cm 处地温的影响

| 处理 | 温度（℃） | | | | |
|---|---|---|---|---|---|
| | 2017.12.10 | 2017.12.30 | 2018.1.20 | 2018.2.10 | 2018.2.28 |
| CK | 4.6 | 4.5 | 3.1 | 2.0 | 10.5 |
| 茎干裹黑膜 | 4.3 | 4.1 | 2.8 | 1.9 | 10.6 |
| 保温带包裹 | 4.5 | 3.8 | 3.0 | 2.0 | 10.7 |
| 树干涂白 | 4.9 | 4.5 | 3.5 | 2.6 | 10.6 |
| 基干套白膜 | 5.2 | 4.3 | 3.2 | 2.5 | 10.5 |
| 保温棉覆盖 | 5.5 | 3.9 | 3.5 | 2.5 | 12.0 |
| 玉米秸 20cm＋覆膜 | 5.9 | 4.7 | 3.7 | 3.0 | 12.3 |
| 铺黑地膜 | 5.8 | 5.6 | 4.2 | 3.7 | 12.5 |

（3）越冬期间不同防寒措施下葡萄枝条生理指标的影响

①不同防寒措施对枝条可溶性糖含量的影响。当葡萄受到低温胁迫时，葡萄植株体内可溶性糖含量会有所升高，从而可以改变葡萄抵御寒冷的能力（Gibson et al.，2005）。由表48可以得知，在越冬期间，随着外界环境温度先降低后升高，葡萄枝条可溶性糖含量随之出现先上升后下降的趋势。越冬初期葡萄枝条可溶性糖含量为62.73mg/g；之后外界温度开始下降，各处理下的葡萄枝条可溶性糖含量开始增加，2018年2月10日均出现最高点，其中树干涂白处理导致葡萄枝条可溶性糖含量达到190.12mg/g，显著高于对照和其他处理。

表48 不同防寒措施对葡萄枝条可溶性糖含量的影响

| 处理 | 可溶性糖含量（mg/g） | | | | |
| --- | --- | --- | --- | --- | --- |
| | 2017.12.10 | 2017.12.30 | 2018.1.20 | 2018.2.10 | 2018.2.28 |
| CK | 62.73±3.51a | 75.95±1.72c | 110.54±4.32ab | 163.51±3.52ab | 108.84±1.10a |
| 茎干裹黑膜 | 62.73±3.51a | 70.82±1.03d | 109.43±3.98ab | 128.08±12.05c | 85.74±1.33e |
| 保温带包裹 | 62.73±3.51a | 68.61±0.65d | 94.47±1.11bc | 144.69±0.92bc | 85.82±0.76e |
| 树干涂白 | 62.73±3.51a | 63.66±0.36e | 88.76±5.42c | 190.12±10.18a | 103.49±1.43b |
| 基干套白膜 | 62.73±3.51a | 70.92±1.74d | 96.56±3.57bc | 139.36±2.85bc | 87.49±0.22de |
| 保温棉覆盖 | 62.73±3.51a | 82.58±1.22a | 113.54±0.62a | 146.16±12.61bc | 91.10±0.57d |
| 玉米秸20cm＋覆膜 | 62.73±3.51a | 89.90±1.61cd | 116.92±4.49a | 162.59±16.69ab | 106.29±2.59ab |
| 铺黑地膜 | 62.73±3.51a | 72.61±1.42cd | 110.89±10.21ab | 154.78±7.67bc | 97.54±0.65c |

表内数据为平均值±标准误，数据右侧小写字母表示达到显著水平（$P<0.05$）。下同。

②不同防寒措施对枝条可溶性蛋白含量的影响。如表49所示，在越冬期间，葡萄枝条的可溶性蛋白含量随外界温度的变化呈现出先升高后下降的变化趋势，与葡萄枝条可溶性糖含量的变化趋势相似。在葡萄越冬初期，葡萄枝条的可溶性蛋白含量为

0.45mg/g；之后随着外界温度的降低，各处理下葡萄枝条的可溶性蛋白含量开始升高，对照、保温带包裹、树干涂白、基干套白膜和保温棉覆盖 5 个处理的可溶性蛋白含量在 2018 年 1 月 20 日达到最高点，其中树干涂白处理的葡萄枝条可溶性蛋白含量显著高于对照，之后开始下降；而茎干裹黑膜、玉米秸 20cm＋覆膜和铺黑膜处理的葡萄枝条可溶性蛋白含量在 2018 年 2 月 10 日出现最高点，且均显著高于对照，之后开始下降。

表 49　不同防寒措施对葡萄枝条可溶性蛋白含量的影响

| 处理 | 可溶性蛋白含量（mg/g） | | | | |
| --- | --- | --- | --- | --- | --- |
| | 2017.12.10 | 2017.12.30 | 2018.1.20 | 2018.2.10 | 2018.2.28 |
| CK | 0.45±0.07a | 0.73±0.03f | 1.46±0.05c | 1.04±0.14cd | 0.83±0.04cd |
| 茎干裹黑膜 | 0.45±0.07a | 1.34±0.06ab | 1.98±0.08ab | 2.09±0.09a | 1.45±0.03a |
| 保温带包裹 | 0.45±0.07a | 1.29±0.06c | 1.70±0.04abc | 0.71±0.15d | 0.61±0.04de |
| 树干涂白 | 0.45±0.07a | 1.47±0.03a | 2.05±0.30a | 0.72±0.14d | 0.57±0.05e |
| 基干套白膜 | 0.45±0.07a | 0.96±0.05cd | 1.54±0.07c | 0.81±0.19d | 0.78±0.03de |
| 保温棉覆盖 | 0.45±0.07a | 1.08±0.07d | 1.78±0.13abc | 1.43±0.07bc | 1.05±0.02bc |
| 玉米秸 20cm ＋覆膜 | 0.45±0.07a | 0.89±0.03de | 1.60±0.03bc | 1.72±0.11ab | 1.48±0.18a |
| 铺黑地膜 | 0.45±0.07a | 0.76±0.04ef | 1.52±0.11c | 1.61±0.16b | 1.22±0.01a |

③不同防寒措施对枝条游离脯氨酸含量的影响。由表 50 可知，越冬期间各处理下的葡萄枝条游离脯氨酸含量的变化趋势呈现先上升后下降的趋势。越冬初期葡萄枝条的游离脯氨酸含量较低，为 0.025μg/g；之后随着外界温度的下降，葡萄枝条的游离脯氨酸含量开始上升，在 2018 年 1 月 20 日出现了整个越冬期间的最高值，其中对照的游离脯氨酸含量均高于其他处理，且显著高于保温带包裹和树干涂白；之后天气回暖外界环境温度升高，各处理下的葡萄枝条游离脯氨酸含量开始下降。

**表 50 不同防寒措施对葡萄枝条游离脯氨酸含量的影响**

| 处理 | 游离脯氨酸含量（μg/g） | | | | |
|---|---|---|---|---|---|
| | 2017.12.10 | 2017.12.30 | 2018.1.20 | 2018.2.10 | 2018.2.28 |
| CK | 0.025±0.004a | 0.079±0.006a | 0.266±0.109a | 0.086±0.053a | 0.083±0.005a |
| 茎干裹黑膜 | 0.025±0.004a | 0.051±0.003b | 0.162±0.035ab | 0.047±0.004a | 0.034±0.004c |
| 保温带包裹 | 0.025±0.004a | 0.030±0.007c | 0.080±0.015b | 0.038±0.021a | 0.026±0.002c |
| 树干涂白 | 0.025±0.004a | 0.038±0.004bc | 0.074±0.026b | 0.032±0.018a | 0.021±0.009c |
| 基干套白膜 | 0.025±0.004a | 0.050±0.002b | 0.124±0.055ab | 0.071±0.028a | 0.051±0.009b |
| 保温棉覆盖 | 0.025±0.004a | 0.068±0.003a | 0.205±0.059ab | 0.032±0.005a | 0.029±0.005c |
| 玉米秸 20cm ＋覆膜 | 0.025±0.004a | 0.045±0.003b | 0.129±0.005ab | 0.056±0.004a | 0.056±0.002b |
| 铺黑地膜 | 0.025±0.004a | 0.066±0.005a | 0.222±0.051ab | 0.080±0.036a | 0.073±0.003a |

④不同防寒措施对枝条丙二醛（MDA）含量的影响。由表 51 可知，在越冬期间，各处理下的葡萄枝条丙二醛（MDA）含量呈现先上升后下降的变化趋势。在葡萄越冬初期 MDA 含量缓慢增加，各处理下葡萄枝条的 MDA 含量变化趋势基本一致；2018 年 1 月 20 日各处理下葡萄枝条 MDA 含量均达到最高点，但它们之间的差异并不显著；越冬后期茎干裹黑膜、保温带包裹、树干涂白、基干套白膜、玉米秸 20cm＋覆膜和铺黑地膜这 6 个处理下葡萄枝条的 MDA 含量迅速降低，而对照和保温棉覆盖处理的葡萄枝条 MDA 含量下降速度较为平缓。

**表 51 不同防寒措施对葡萄枝条丙二醛含量的影响**

| 处理 | 丙二醛含量（μmol/g） | | | | |
|---|---|---|---|---|---|
| | 2017.12.10 | 2017.12.30 | 2018.1.20 | 2018.2.10 | 2018.2.28 |
| CK | 0.96±0.32a | 1.04±0.17b | 2.52±0.33a | 2.33±0.13a | 2.17±0.08a |
| 茎干裹黑膜 | 0.96±0.32a | 2.00±0.39a | 2.45±0.28a | 1.89±0.08b | 1.37±0.04cd |
| 保温带包裹 | 0.96±0.32a | 1.39±0.08ab | 2.66±0.05a | 1.86±0.15b | 1.55±0.10bc |

（续）

| 处理 | 丙二醛含量（μmol/g） | | | | |
|---|---|---|---|---|---|
| | 2017.12.10 | 2017.12.30 | 2018.1.20 | 2018.2.10 | 2018.2.28 |
| 树干涂白 | 0.96±0.32a | 1.43±0.14ab | 2.98±0.13a | 1.83±0.18b | 1.50±0.13bcd |
| 基干套白膜 | 0.96±0.32a | 0.94±0.12b | 2.95±0.11a | 1.80±0.06b | 1.19±0.09d |
| 保温棉覆盖 | 0.96±0.32a | 1.13±0.35b | 2.90±0.33a | 2.41±0.13a | 2.17±0.11a |
| 玉米秸20cm＋覆膜 | 0.96±0.32a | 1.70±0.30ab | 2.94±0.03a | 1.90±0.21b | 1.26±0.12cd |
| 铺黑地膜 | 0.96±0.32a | 1.53±0.29ab | 2.87±0.20a | 2.05±0.04ab | 1.71±0.10b |

⑤不同防寒措施对枝条超氧化物歧化酶（SOD）活性的影响。从表52可以看出，越冬期间各处理下葡萄枝条的超氧化物歧化酶（SOD）活性的变化趋势为先上升后下降。越冬初期各处理SOD活性值最低为13.45u/g，随着外界温度降低，SOD活性逐渐上升，在2018年2月10日达到峰值，但各处理间不存在显著性差异；之后外界温度上升，SOD活性开始下降，到2月28日时茎干裹黑膜（28.60u/g）、保温带包裹（26.54u/g）、基干套白膜（27.19u/g）和铺黑地膜（27.70u/g）4个处理下葡萄枝条的SOD活性显著高于对照。

**表52 不同防寒措施对葡萄枝条超氧化物歧化酶（SOD）活性的影响**

| 处理 | 超氧化物歧化酶（SOD）活性（u/g） | | | | |
|---|---|---|---|---|---|
| | 2017.12.10 | 2017.12.30 | 2018.1.20 | 2018.2.10 | 2018.2.28 |
| CK | 13.45±0.35a | 17.26±0.58ab | 22.92±0.59ab | 29.38±1.97a | 22.32±0.90cd |
| 茎干裹黑膜 | 13.45±0.35a | 18.96±0.44ab | 23.04±0.36a | 32.11±0.80a | 28.60±0.34a |
| 保温带包裹 | 13.45±0.35a | 16.63±0.86b | 21.99±0.85ab | 30.35±0.52a | 26.54±0.35ab |
| 树干涂白 | 13.45±0.35a | 19.33±0.57a | 22.85±1.06ab | 30.29±1.23a | 24.57±0.58bc |
| 基干套白膜 | 13.45±0.35a | 17.49±0.77ab | 21.53±0.14ab | 31.76±0.24a | 27.19±1.44ab |

（续）

| 处理 | 超氧化物歧化酶（SOD）活性（u/g） | | | | |
| --- | --- | --- | --- | --- | --- |
| | 2017.12.10 | 2017.12.30 | 2018.1.20 | 2018.2.10 | 2018.2.28 |
| 保温棉覆盖 | 13.45±0.35a | 16.90±0.55ab | 18.00±2.10c | 30.30±0.16a | 22.32±1.15cd |
| 玉米秸20cm＋覆膜 | 13.45±0.35a | 17.20±1.16ab | 19.71±0.33bc | 30.66±0.77a | 21.27±0.56d |
| 铺黑地膜 | 13.45±0.35a | 17.33±1.04ab | 22.21±0.89ab | 31.91±0.57a | 27.70±0.85a |

⑥不同防寒措施对枝条过氧化物酶（POD）活性的影响。如表 53 所示，越冬期间各个处理下葡萄枝条的过氧化物酶（POD）活性变化趋势并不完全一致。对照、保温棉覆盖和玉米秸20cm＋覆膜处理下葡萄枝条的 POD 活性呈现先降低后升高的趋势，而其他处理下葡萄枝条的 POD 活性的变化趋势与之相反，先上升后下降，其中铺黑地膜和保温带包裹处理下葡萄枝条的 POD 活性在越冬后期还出现了回升。铺黑地膜、树干涂白处理

**表 53 不同防寒措施对葡萄枝条过氧化物酶（POD）活性的影响**

| 处理 | 过氧化物酶（POD）活性（u/g） | | | | |
| --- | --- | --- | --- | --- | --- |
| | 2017.12.10 | 2017.12.30 | 2018.1.20 | 2018.2.10 | 2018.2.28 |
| CK | 0.302±0.03a | 0.249±0.12a | 0.060±0.01d | 0.093±0.01b | 0.223±0.01a |
| 茎干裹黑膜 | 0.302±0.03a | 0.413±0.15a | 0.183±0.05bc | 0.103±0.04b | 0.133±0.00d |
| 保温带包裹 | 0.302±0.03a | 0.416±0.10a | 0.433±0.07a | 0.135±0.01b | 0.212±0.00ab |
| 树干涂白 | 0.302±0.03a | 0.564±0.01a | 0.278±0.04b | 0.170±0.00b | 0.230±0.02a |
| 基干套白膜 | 0.302±0.03a | 0.369±0.03a | 0.430±0.00a | 0.302±0.01a | 0.152±0.03cd |
| 保温棉覆盖 | 0.302±0.03a | 0.251±0.04a | 0.243±0.00b | 0.093±0.05b | 0.145±0.01cd |
| 玉米秸20cm＋覆膜 | 0.302±0.03a | 0.287±0.07a | 0.127±0.01cd | 0.128±0.00b | 0.165±0.02bcd |
| 铺黑地膜 | 0.302±0.03a | 0.602±0.01a | 0.130±0.02cd | 0.173±0.03b | 0.196±0.00abc |

下葡萄枝条的 POD 活性在 2017 年 12 月 30 日上升至最高点；保温带包裹、基干套白膜处理下葡萄枝条的 POD 活性在 2018 年 1 月 20 日上升至最高点，且显著高于其他处理，而对照和铺黑地膜处理下葡萄枝条的 POD 活性在此时达到最小，但之后铺黑地膜处理下葡萄枝条的 POD 活性出现回升现象；在 2 月 10 日，保温带包裹、树干涂白、玉米秸 20cm＋覆膜处理下葡萄枝条的 POD 活性下降到最低值，但保温带包裹和玉米秸 20cm＋覆膜处理下葡萄枝条的 POD 活性在之后出现回升趋势。

（4）越冬后不同防寒措施对葡萄枝条生长的影响　越冬后不同防寒措施处理的葡萄枝条霉变率和萌芽率结果如表 54 所示。其中对照处理的枝条霉变率为 7.7％，保温带包裹、茎干裹黑膜、玉米秸 20cm＋覆膜和铺黑地膜处理的枝条霉变率均低于对照，表明在对葡萄进行上述防寒措施处理后翌年可有效降低葡萄的霉变率；但树干涂白和保温棉覆盖处理的枝条霉变率高于对照。此外，使用保温带包裹处理的葡萄枝条并没有出现霉变现象，且枝条萌芽率最高，出芽整齐，相较于其他处理是最好的葡萄枝条越冬保护措施。

**表 54　不同防寒措施对葡萄生长的影响**

| 处理 | 枝条霉变率（100％） | 萌芽率（100％） |
| --- | --- | --- |
| CK | 7.7d | 54.2f |
| 茎干裹黑膜 | 4.2g | 87.9b |
| 保温带包裹 | 0.0h | 92.9a |
| 树干涂白 | 19.4a | 52.0g |
| 基干套白膜 | 10.0c | 70.7d |
| 保温棉覆盖 | 14.3b | 46.9h |
| 玉米秸 20cm＋覆膜 | 5.5f | 82.6c |
| 铺黑地膜 | 6.5e | 56.5e |

表 55　不同防寒措施对葡萄抗寒效果的隶属度综合评价

| 处理 | 隶属度 | | | | | | | | 平均隶属度 | 综合评价 |
|---|---|---|---|---|---|---|---|---|---|---|
| | 可溶性糖含量 | 可溶性蛋白含量 | 游离脯氨酸含量 | MDA含量 | SOD活性 | POD活性 | 枝条霉变率 | 萌芽率 | | |
| 茎干裹黑膜 | 0.01 | 1.00 | 0.37 | 0.52 | 1.00 | 0.33 | 0.78 | 0.89 | 0.61 | 1 |
| 铺黑地膜 | 0.51 | 0.38 | 0.79 | 0.26 | 0.77 | 0.76 | 0.66 | 0.21 | 0.54 | 2 |
| 保温带包裹 | 0 | 0.09 | 0.03 | 0.66 | 0.53 | 0.91 | 1.00 | 1.00 | 0.53 | 3 |
| 玉米秸20cm＋覆膜 | 1.00 | 0.58 | 0.35 | 0.47 | 0.09 | 0.13 | 0.72 | 0.78 | 0.52 | 4 |
| 基干套白膜 | 0.01 | 0.01 | 0.38 | 1.00 | 0.69 | 1.00 | 0.48 | 0.52 | 0.51 | 5 |
| CK | 0.79 | 0 | 1.00 | 0.32 | 0.29 | 0 | 0.60 | 0.16 | 0.40 | 6 |
| 树干涂白 | 0.64 | 0.27 | 0 | 0.50 | 0.63 | 0.98 | 0.00 | 0.11 | 0.39 | 7 |
| 保温棉覆盖 | 0.48 | 0.46 | 0.48 | 0 | 0 | 0.17 | 0.26 | 0.00 | 0.23 | 8 |

（5）不同防寒措施对葡萄抗寒效果的隶属度综合评价　利用隶属函数法综合评价不同防寒措施下葡萄枝条的抗寒性结果如表 55 所示，分别计算各处理下葡萄枝条的可溶性糖含量、可溶性蛋白含量、游离脯氨酸含量、MDA 含量、SOD 活性、POD 活性、枝条霉变率以及萌发率 8 个生理指标的平均隶属度，茎干裹黑膜处理的平均隶属度最高，为 0.61；保温棉覆盖处理的平均隶属度最低，为 0.23，因此最终进行综合评价防寒效果排序为：茎干裹黑膜＞铺黑地膜＞保温带包裹＞玉米秸 20cm＋覆膜＞基干裹白膜＞对照＞树干涂白＞保温棉覆盖。

（6）不同防寒材料的经济成本预估　此外，经济成本也是筛选葡萄冬季防寒措施的一项重要指标。由表 56 可知，在试验地区范围内，埋土防寒成本最高，为 3 600 元/亩；树干涂白和基干套白膜处理的成本次之，分别为 1 200 元/亩和 1 125 元/亩；铺黑地膜处理防寒成本最低，为 450 元/亩。仅从防寒材料的成本上看，以铺黑地膜处理最好，但是保温带包裹的使用年限较长，玉米秸在翌年春季可当作肥料翻入土中，增加土壤肥力，玉米秸在北方较为常见，成本低廉并且易得。

表 56　各防寒措施处理的经济成本预估

| 处理 | 材料单价（元/株） | 预计使用年限（年） | 年均费用（元/株） | 人工费（元/亩） | 合计（元/亩） |
|---|---|---|---|---|---|
| CK | — | — | — | — | — |
| 茎干裹黑膜 | 0.5 | — | — | 900 | 1 050 |
| 保温带包裹 | 2 | 4 | 0.5 | 900 | 1 050 |
| 树干涂白 | 1 | — | — | 900 | 1 200 |
| 基干套白膜 | 3 | 4 | 0.75 | 900 | 1 125 |
| 保温棉覆盖 | 2.5 | 4 | 0.625 | 900 | 1 087.5 |
| 玉米秸 20cm＋覆膜 | 0.7 | | | 450 | 660 |
| 铺黑地膜 | 0.5 | | | 300 | 450 |
| 埋土 | — | | | 3 600 | 3 600 |

**4. 结论与讨论**　近年来，科研工作者为使我国北方地区冬季葡萄安全越冬，已做了大量有关防寒措施的研究，如使用太空棉、玻璃棉、聚苯乙烯泡沫颗粒保温被、玉米秸、草席、稻草、无纺布和地膜等材料来改变或提升不同土层的地温及土壤湿度，以期为葡萄安全越冬提供良好的条件（李鹏程等，2011，2014；郭绍杰等，2013；孙鲁龙等，2015）。本试验研究表明，以玉米秸 20cm ＋覆膜和铺黑地膜处理对葡萄根系附近地下 5cm 处和 20cm 处的土层保温效果最好，该处理有效地提高了葡萄越冬期间的地下温度，尤其是空气温度在−15℃以下时，其使得地温变化幅度减小，从而极大地提升了葡萄的越冬能力。这可能是因为黑地膜能够很好地吸收太阳的热量和辐射，最大限度地提高了保温材料内的温度，而玉米秸秆可以将吸收到的太阳热量和辐射有效的保存，提高夜间葡萄根系温度，以起到保暖的作用。

在低温环境下，植物体内各种渗透调节物质大量积累，赋予植物多种渗透调节的能力（Ma et al.，2010），如可溶性糖、可溶性蛋白、游离脯氨酸、丙二醛含量等均是重要的抗寒指标。有研究表明，葡萄根系通过秋末冬初的抗寒锻炼后，葡萄根系与枝条内的可溶性糖、可溶性蛋白、游离脯氨酸以及丙二醛含量会随外界温度的下降而升高，之后维持一段时间的相对稳定状态，当越冬期过后温度升高，含量均开始下降，但越冬过后葡萄枝条内的各物质含量会高于越冬前（李妍琪等，2017；Ershadi et al.，2016；王旺田等，2015）。本试验结果与上述结论一致，即通过不同防寒措施处理，葡萄枝条在越冬初期随着温度的降低，其体内的可溶性糖、可溶性蛋白、游离脯氨酸以及丙二醛含量逐渐积累增加；越冬过后温度回暖上升，各物质含量均呈下降趋势。其中，以茎干裹黑膜、玉米秸 20cm ＋覆膜和铺黑地膜处理的枝条体内物质含量变化趋势最为平缓，可能是与其能够维持恒定的地温有关，同时温度上升可使树体合成新的物质参与生长代谢，从而导致各物质含量增加；之后葡萄植株为适应外界寒冷的环境，各物质开始转化降解，导致其含量下降，以此来提升整体的抗寒性。此外，植物细胞在受到逆境胁迫时，活性氧自由基会激活细胞膜酶促抗氧化防御系统清除氧负离子，起作用的酶类主要包括SOD、POD等（陈淑丽，2015）。本试验结果表明，越冬初期不同防寒措施处理下葡萄枝条的SOD活性随着外界温度的降低而上升，而POD活性呈现下降趋势；越冬后期外界温度升高POD活性上升，SOD活性变化趋势依然与POD活性相反，呈下降趋势。POD活性和SOD活性随着外界温度的下降和回升表现出较强的规律性，表明环境温度诱导了这两种酶活性的变化，使得细胞膜处于活性氧积累和清除的动态平衡中，从而保护细胞不受到伤害（卢精林等，2015）。

在众多研究中，除上述葡萄内部结构抗寒生理指标外，春季葡萄枝条霉变率和萌芽率也是衡量葡萄枝芽是否受到冻害和安全越冬的重要指标（苏李维等，2015；李鹏程等，2012）。不同防寒措施处理下的葡萄越冬后，枝条霉变率均低于对照，说明在秋冬季节对葡萄进行防寒处理可以减少葡萄枝条发生霉变。其中，保温带包裹处理的葡萄枝条未出现霉变现象，萌芽率也相较其他处理最高，极大地减少了以往通过埋土防寒造成枝条大量霉变、枝上芽眼损坏、出芽率不整齐、萌芽率低等问题的出现，则表明该防寒措施对葡萄冬季越冬枝条保护力最强，是较优的防寒选择。

通过比较各种防寒措施处理下葡萄的越冬能力，结合经济成本等各因素综合评价得到玉米秸20cm＋覆膜和铺黑地膜处理的防寒效果较为相似，由于其主要覆盖了葡萄根系周围，越冬期间的地温值均显著高于对照处理，黑地膜能够有效地吸收太阳辐射增加土层温度，而在我国北方玉米秸成本低且常见易得，冬季使用玉米秸防寒后翌年可将其翻入土中增加土壤肥力，有效地改善土壤的理化性质，同时还可减轻焚烧玉米秸造成的污染气体和雾霾天气，因此上述措施均较适用于塑料大棚防寒越冬。保温棉覆盖简单易操作，所需劳动力少，棉被的使用年限长，保温效果好，但在塑料大棚内中午覆盖物内部温度过高，易导致枝条发生霉变，此防寒措施可能适用于露地栽培使用，效果有待进一步研究。使用保温带包裹处理可使葡萄安全越冬，枝条萌芽率显著高于对照，出芽率整齐，且没有出现枝条霉变的情况，然而保温带单价较高，但使用年限长，可能适用于塑料大棚栽培。茎干裹黑膜处理的葡萄枝条越冬后萌芽率高于对照，黑膜成本较低，但在进行包裹时较费时费力。在本试验研究中，保温带包裹、茎干裹黑膜、玉米秸 20cm＋覆膜处理的葡萄越冬后枝条萌芽率均较高，但在冬季极端气温的年际，通过这几种防寒措施保护后，葡萄根系、枝条以及枝上芽眼能否安全越冬尚需进一步研究。

综上所述，通过研究不同防寒措施对葡萄根系附近土层温度的影响、枝条部分生理指标的变化和枝条生长情况，综合考虑防寒效果与经济成本，研究建议在北方冬季埋土区塑料大棚内以玉米秆 20cm＋覆膜或铺黑地膜覆盖根系，以保温带或黑膜包裹茎干作为葡萄枝条越冬防寒措施，而露地栽培可使用保温被覆盖，具体覆盖所需厚度需依据各地区实际气候情况进一步研究。

### （二）抗寒性分子鉴定

#### 1. 试验方法

（1）葡萄抗寒分子标记　用已报道的 2 个葡萄抗寒分子标记 S238 和 S241 为探针，对标记进行适用性鉴定筛选。具体标记类型及引物序列见表 57。

表 57　葡萄抗寒分子标记

| 名称 | 类型 | 引物序列 |
| --- | --- | --- |
| S238-800 | RAPD 标记 | 5′-TGGTGGCGTT-3′ |
| S241-670 | RAPD 标记 | 5′-TGACGTCCGT-3′ |

（2）PCR 反应体系　具体 PCR 反应体系见表 58。

表 58　PCR 反应体系

| 反应液组成 | 用量 |
| --- | --- |
| 2×Taqmix | 10μL |
| 引物 1（10μM） | 1μL |
| 引物 2（10μM） | 1μL |
| 模板 DNA | 20～50ng |
| ddH₂O | 补齐至 20μL |

（3）PCR 扩增程序　94℃预变性 5min；94℃变性 1min，36℃退火 1min，72℃延伸 2min；40 个循环，72℃延伸 10min，保存于 4℃。无核基因分子标记 GSLP1-569 扩增程序：94℃变性 1min，35℃退火 2min，72℃延伸 2min，40 个循环；72℃延伸 8min，停止于 4℃。

**2. 结果**　不同分子标记探针对参试葡萄品种抗寒性状辅助筛选鉴定，扩增出特异性条带的株系，初步认定可能存在抗寒性状，如图 53 所示。

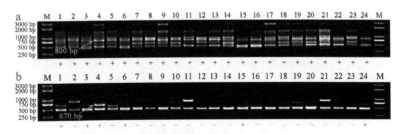

图 53　不同分子标记探针对部分葡萄杂种抗寒性状辅助筛选鉴定

## 三、白粉病抗性鉴定

近年来，我国葡萄新品种引进、种质资源创新和优良品种选育成效显著，为葡萄产业的品种结构优化奠定了坚实的基础（邓秀新等，2018）。当前世界上广泛栽培的欧亚种葡萄，起源于西亚地区，该地夏季炎热干燥，冬季温和多雨，适宜葡萄生长。而我国夏季雨热同期，导致葡萄在果实发育高峰期极易受到各种病害的侵染（赵玉山，2017）。其中，葡萄白粉病 ［*Uncinula necator* （Schw.）Burr.］ 已成为葡萄生产上危害最严重的真菌病害之一，严重影响葡萄树势生长、葡萄产量及品质（王辰等，2016）。根据病菌子囊壳及其子囊孢子形态，可将白粉病菌分为布氏白粉菌属（小麦白粉病）（Xu et al.，2017）、白粉菌属（烟草白粉病）（Darvishzadeh et al.，2010）、单丝壳属（瓜类白粉病）（Tanaka et al.，2017）、叉丝单囊壳属（苹果白粉病）（Wada et al.，2017）、球针壳属（梨树白粉病）（徐晓厚，2017）、钩丝壳属（陈永凡等，2017）等，葡萄白粉病菌属于钩丝壳属（*Uncinula necator*）（Miyake et al.，2017）。

　　生产上控制病原菌的方法高度依赖喷施化学杀菌剂（Dry et al.，2017），这对食品安全和自然环境都造成了不利的影响（Teh et al.，2017）。此外，病原菌对杀菌剂逐渐产生抗性，极大降低了杀菌剂的功效（Baudoin et al.，2008）。因此，抗病育种是防治葡萄白粉病及葡萄现代化栽培可持续发展的有效途径，而利用高抗葡萄白粉病品种做亲本进行杂交育种可以有效提升后代抗病性（孙大元等，2017）。同时，优良的抗病葡萄品种是葡萄产业持续发展的重要保障，葡萄抗病育种水平的高低、培育新抗病品种的数量和葡萄优良抗病品种的产业化能力则决定了葡萄产业发展的走向及市场竞争力的强弱（姜建福等，2018）。由于不同葡萄品种对白粉病的敏感度存在差异，鉴定和筛选出对白粉病具有高抗性的葡萄亲本材料则具有重要的育种意义（肖培连等，2017）。近年来，研究表明，欧亚种葡萄易受白粉病感染，如红宝石无核、克瑞森无核等品种（杨瑞等，2015）；而欧美种葡萄（*Vitis labrusca* L.）对白粉病抗性较强，如夏黑、黑色甜菜等品种（马红梅等，2015）。中国葡萄种质资源丰富，且存在对白粉病具有高抗性的野生葡萄品种（黎涛等，2010）。

葡萄杂种实生苗的童期较长，其杂交育种是一项周期性较长的工作（吴建祥等，2012），且依靠传统育种技术对不同树龄葡萄感白粉病机制的鉴定分析还存在局限性（牛俊海等，2015）。研究发现，分子育种技术具有方便、快捷、成本较低等优点，且不分树龄老幼，可用于苗期目标性状早期鉴定和筛选，有助于提高育种效率（吴月燕等，2016）。因此，开展葡萄白粉病发病规律研究，尤其是结合分子标记苗期辅助筛选技术对葡萄亲本材料进行筛选鉴定，对指导葡萄栽培管理、白粉病害防治及抗病育种具有重要意义。

目前，通过葡萄抗白粉病田间鉴定技术得到抗病品种进行杂交育种的研究已有大量文献报道（李慧娥等，2012；罗世杏，2008），但将其与分子标记辅助选择技术相结合进行早期筛选尚鲜见报道（Choudhury et al.，2014）。因此，本研究选取 10 个葡萄品种（秋红宝、早黑宝、晚黑宝、晶红宝、丽红宝、无核翠宝、夏黑、克瑞森无核、河津-1 及北冰红）为试材，通过观察葡萄白粉菌孢子在不同温度梯度下的萌发动态以及人工接种鉴定后其在叶片内部结构的侵染动态，探究葡萄白粉菌孢子萌发的较适宜温度条件，以期为田间抗病鉴定选择时期提供基础，同时为田间鉴定时确定病原是白粉病菌提供支撑；并利用田间自然鉴定和苗期分子标记辅助选择相结合的方法，对各参试葡萄品种进行白粉病抗性鉴定分级，将田间自然抗性与分子标记鉴定对比分析，以确定葡萄抗白粉病分子标记对各参试葡萄品种的适用性，以期更准确地为葡萄抗白粉病育种过程中早期分子标记辅助选择技术提供有效分子标记探针，为进一步获得的杂交种鉴定提供材料基础和理论指导。

## （一）不同培养条件对葡萄白粉病菌孢子的生长影响

**1. 试验方法**　梯度温度下葡萄白粉病菌孢子的萌发培养：2016 年 8 月 24 日在山西农业大学园艺站种质资源葡萄圃收集严

重感染白粉病的参试葡萄病叶，参照罗世杏（2008）的方法进行葡萄白粉病菌分生孢子的收集和分离纯化，并制备孢子悬浮液，进行萌发培养。具体方法为在超净工作台中，将清洗灭菌后的载玻片整齐地排列于垫有湿滤纸的托盘上，滴加 0.05mL 0.78％（w/v）葡萄糖溶液于各载玻片上，将葡萄白粉病菌孢子均匀喷布在葡萄糖溶液上，用保鲜膜将托盘密封，置于 4、20、24、28、32、36℃的梯度温度下，各培养 16、20、24h 后采用琼脂玻片法（Choudhury et al.，2014），显微镜下观察葡萄白粉病菌孢子的萌发动态。

葡萄白粉病菌孢子萌发率＝视野内已萌发孢子数/视野内孢子总数×100％

$$感病指数（SI）=\frac{\sum（病级值 \times 发病叶片数）}{调查总叶片数 \times 最高病级值} \times 100$$

**2. 结果**

（1）葡萄白粉病菌生活史与侵染循环过程　葡萄白粉病菌循环生活史可分为无性循环（Asexual cycle）和有性循环（Sexual cycle）2 个途径（图52）。无性循环途径中，在 28℃的培养条件下，葡萄白粉病菌的生长过程为初期培养 16h 后，在光学显微镜 20×10 倍和 40×10 倍放大的视野中可见大量未萌发的葡萄白粉病菌孢子（图52-a）。培养至 20h，葡萄白粉病孢子开始萌发形成子囊与闭囊壳（图52-b、c），且闭囊壳一般呈近球形，黑褐色，外有钩针状的附着丝，闭囊壳内有多个子囊（图52-d、e）。培养至 24h，葡萄白粉病孢子进一步萌发，产生大量菌丝体（图52-f）。而在有性循环途径中，人工接种葡萄白粉病菌 4h 后即可见菌丝，分生孢子和菌丝萌发形成芽管侵入葡萄叶片表皮细胞（图52-g）；8h 后形成的闭囊壳和菌丝数量明显增多，褐色子囊可见，叶脉弯曲（图52-h）；12h 后叶片上出现了肉眼可见的白色粉状物，即分生孢子、分生孢子梗和菌丝，且显微镜下可见叶片细胞结构已不完整，菌丝体遍布视野（图52-i）。

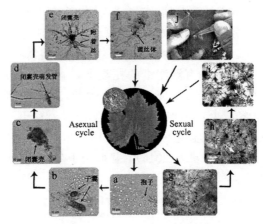

图 52  葡萄白粉病菌生活史与侵染循环过程

a. 葡萄白粉菌孢子（20×10）  b. 子囊（40×10）  c. 闭囊壳（40×10）
d. 闭囊壳萌发管（20×10）  e. 闭囊壳和附着丝（20×10）  f. 菌丝体
（10×10）g. 4h 后感病叶片白粉菌观测（10×10）  h. 8h 后感病叶片白粉菌
观测（10×10）i. 12h 后感病叶片白粉菌观测（10×10）。"→"直接侵染；
"－→"间接侵染。

　　（2）不同培养条件对葡萄白粉病菌孢子萌发率的影响　葡萄
白粉病菌人工接种鉴定与叶片内部侵染结构观察。选取生长健康
的参试葡萄植株，对其叶片进行人工造伤后，采用针刺注射法将
葡萄白粉病菌孢子悬浮液接种于叶片伤口处，并立即套袋、标记
（图 52-j）。分别于人工接种 4、8、12h 后，采集染病葡萄叶片，
以同一植株未接种白粉菌的正常叶片为对照。用台盼蓝染色法染
色后，显微镜下观察葡萄白粉菌侵染后叶片内部结构的动态变化
过程（赵伟等，2018）。

　　葡萄白粉病菌孢子在 4、20、24、28、32、36℃下均可萌
发，且其萌发率与培养时间呈正相关。而培养 16、20 及 24h，
葡萄白粉病菌孢子萌发率均在 32℃培养条件下达到峰值，但与
28℃时孢子萌发率差异不显著，而与 4、20、24、36℃达显著性
差异。其中 32℃下培养 24h，葡萄白粉病菌孢子的萌发率最高

（84.3％）。因此，葡萄白粉病菌孢子萌发的较适宜培养条件为
32℃，24h（图53）。

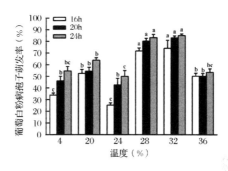

图53　不同培养条件对葡萄白粉病菌孢子萌发率的影响

## （二）葡萄各器官田间感染白粉病形态

**1. 试验方法**　2016年8月，在前期确定的葡萄白粉菌孢子
生长较适温度下（32±2℃），依照人工接种鉴定得到的白粉菌孢
子侵染叶片形态，对各参试葡萄品种的白粉病抗性进行田间自然
鉴定。每个品种株系随机选取生长状况一致的葡萄叶片100片
（不足100片的，按实际叶片数统计），参照贺普超等（1980）提
出的抗性分级，依照病斑占总叶面积的百分比，将其分为0～10
级，然后计算出感病指数（Susceptibility index，SI），并根据感
病程度分级标准将参试葡萄品种分为高抗（High resistance，
HR）、抗病（Resistance，R）、中抗（Medium resistance，
MR）、感病（Susceptibility，S）、高感（High susceptibility，
HS）5个等级。

**2. 结果**　在田间自然条件下，葡萄白粉病菌分生孢子可侵
染宿主各器官的表皮，包括卷须、嫩茎、老茎、叶片、叶柄及果
实，各染病器官表面布满白色粉状微小颗粒（图54）。显微镜
下，可见葡萄白粉病菌分生孢子和菌丝萌发形成芽管侵入宿主细
胞间隙，依靠吸器汲取宿主细胞的营养（图52-g）。

**图 54　葡萄各器官田间感染白粉病形态**
a. 卷须　b. 嫩茎　c. 老茎　d. 叶片　e. 叶柄　f. 果实

　　依据葡萄感白粉病分级标准与计算所得的白粉病感病指数，将参试的 10 个不同葡萄品种归分为 HR、MR、R 和 HS 4 个抗病等级。由表 59 可知，北冰红和河津-1 未发现感病叶片，感病指数为 0，显著低于其他参试葡萄品种，抗病等级为 HR（高抗）；夏黑的感病指数为 3.0，显著低于北冰红和河津-1 以外的其他参试葡萄品种，抗病等级为 R（抗病）；在抗病等级为 MR（中抗）的品种中，克瑞森无核、早黑宝和无核翠宝的感病指数之间差异不显著，分别为 6.2、6.1 和 6.0，但其与丽红宝（16.1）和晶红宝（17.2）差异达显著水平；秋红宝和晚黑宝的感病指数分别为 56.8 和 67.8，显著高于其他参试葡萄品种，属于高感品种（HS）。

**表 59　不同葡萄品种抗白粉病田间鉴定结果**

| 品种 | 感病指数 | 抗病分级 |
| --- | --- | --- |
| 无核翠宝 | 6.0±1.0d | MR |
| 丽红宝 | 16.1±2.3c | MR |
| 晶红宝 | 17.2±1.0c | MR |
| 秋红宝 | 56.8±4.8b | HS |
| 克瑞森无核 | 6.2±1.8d | MR |

（续）

| 品种 | 感病指数 | 抗病分级 |
|------|---------|---------|
| 北冰红 | 0f | HR |
| 河津-1 | 0f | HR |
| 夏黑 | 3.0±0.8e | R |
| 早黑宝 | 6.1±1.7d | MR |
| 晚黑宝 | 67.8±7.4a | HS |

## （三）不同葡萄品种白粉病抗性分子标记辅助筛选鉴定

### 1. 试验方法

（1）不同葡萄品种白粉病抗性的分子标记辅助筛选 选取已报道的 2 个葡萄白粉病抗性分子标记为探针，对参试葡萄品种的白粉病抗性进行鉴定筛选。标记类型和引物序列详见表 60。

**表 60 葡萄白粉病分子标记**

| 标记名称 | 类型 | 引物序列（5′-3′） |
|---------|------|-----------------|
| OPW02-1756 | RAPD 标记（random amplified polymorphic DNA） | ACCCCGCCAA |
| SCO11-914 | SCAR 标记（sequence characterized amplified region） | F：GAGAGTAAGGGAATCAGAGAA<br>R：GGTAGTGAGAGCTTGGGTCG |

（2）葡萄叶片基因组 DNA 的提取 采用课题组方法提取各参试品种葡萄叶片基因组 DNA，于 4℃保存，用于下一步 PCR 扩增反应。

（3）PCR 反应体系与扩增程序 PCR 反应体系如表 61 所示。分子标记 OPW02-1756 的 PCR 扩增程序为 94℃预变性4min；94℃变性 1min，36℃退火 1min，72℃延伸 2min，45 个循环；72℃延伸 10min，4℃保存备用。

分子标记 SCO11-914 的 PCR 扩增程序为 94℃预变性 5min；

94℃变性 30s，60℃退火 30s，72℃延伸 1min，40 个循环；72℃
延伸 5min，4℃保存备用。

**表 61  PCR 反应体系**

| 反应液组成 | 用量 |
|---|---|
| 2×Taq PCR Mastermix | 10μL |
| 引物 1 Primer 1 | 1μL |
| 引物 2 Primer2 | 1μL |
| 模板 DNA Template DNA | 20~50ng |
| ddH$_2$O | 补齐至 20μL |

**2. 结果**  葡萄抗白粉病 SCAR 标记 SCO11-914 对各参试葡
萄品种基因组 DNA 的检测结果显示，各参试品种均扩增出
914bp 特异性条带（图 55A），表明各参试葡萄品种均携带与葡
萄抗白粉病分子标记 SCO11-914 连锁的抗白粉病基因。而利用
葡萄抗白粉病 RAPD 标记 OPW02-1756 对各参试葡萄品种基因
组 DNA 的检测结果显示，只有河津-1 扩增出 1756bp 特异性条
带（图 55B），表明其余 9 个参试材料均不携带与葡萄抗白粉病
分子标记 OPW02-1756 连锁的抗白粉病基因。

各参试葡萄品种白粉病田间自然抗性鉴定的分层聚类结果如
图 56 所示。聚类分析结果表明，可将参试葡萄品种划分为 5 个
类群。其中，同属中抗级的克瑞森无核、早黑宝、无核翠宝与丽
红宝、晶红宝因感病指数存在显著性差异，划分为 2 个类群。仅
夏黑属抗病级，北冰红与河津-1 属高抗病级，而秋红宝和晚黑
宝属高感病级。将聚类分析与葡萄抗白粉病基因标记 SCO11-914
和 OPW02-1756 对 10 个不同葡萄品种基因组 DNA 进行的分子
标记检测的结果比对显示，二者存在一定差异。

**3. 讨论**  葡萄白粉病在我国长江流域一般是秋后为害，喜
高温、耐干燥，包括西北干旱地区，都会爆发白粉病危害，而潮

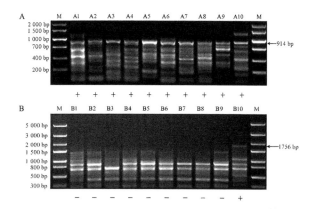

图 55　不同分子标记对参试葡萄品种白粉病抗性辅助筛选鉴定

A. SCO11-914 扩增电泳　　B. OPW02-1756 扩增电泳

M. DL5000marker　A1. 夏黑　A2. 秋红宝　A3. 北冰红　A4. 早黑宝　A5. 晚黑宝　A6. 无核翠宝　A7. 丽红宝　A8. 晶红宝　A9. 克瑞森无核　A10. 河津-1　B1. 早黑宝　B2. 秋红宝　B3. 克瑞森无核　B4. 晶红宝　B5. 夏黑　B6. 无核翠宝　B7. 晚黑宝　B8. 丽红宝　B9. 北冰红　B10. 河津-1；"＋"出现目的条带；"-"未出现目的条带。

湿和干燥交替的干热河谷地区，白粉病跟霜霉病同时为害。朱立波（2016）研究表明，葡萄幼树对白粉病菌的感染情况比成年树更为严重，嫩枝、芽及果实更易染病，与本研究结果一致。分析原因可能是由于葡萄对白粉病的抗性属于植物成株抗性（adult plant resistance，APR），即植物在苗期不表达而到成株期才表达的抗病性，植物本身阻碍病原菌在成株内而不是幼苗内的侵染、生长和繁殖的特性导致的。前人研究表明，不同基因型葡萄对白粉病的抗性存在差异，如中国野生葡萄、欧美杂种葡萄对白粉病都具有一定抗性，而欧亚种葡萄对这病害抗病性低，且品种间存在感病性差异（杨瑞等，2015）。本研究中各参试葡萄品种的白粉病抗性存在显著差异，其中河津-1（中国野生葡萄）、北冰红（中国野生葡萄与欧美葡萄杂交品种）的抗性最强（HR），夏黑（欧美种葡萄）也具有较高的白粉病抗性（R），而克瑞森

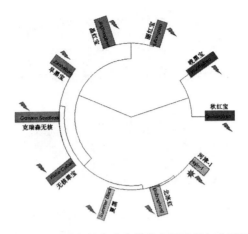

图 56 不同葡萄品种白粉病感病指数分层聚类与分子标记结果

表示 SCO11-914 阳性结果；❋ 表示 OPW02-1756 阳性结果。不同色块代表田间抗病鉴定级别，蓝色表示 MR（中抗），黄色表示 R（抗病），绿色表示 HR（高抗），紫色代表 HS（高感）。

无核、早黑宝、无核翠宝、丽红宝、晶红宝、秋红宝及晚黑宝等欧亚品种对白粉病抗性则较低。

葡萄白粉病的病菌孢子可以通过真空干燥从而快速进入休眠状态，而在外界影响因素不大的情况下，白粉病病菌子囊、子囊果和分生孢子一般可以在 2 年内保持生存活力（陈国海等，2013）。前人研究表明，葡萄白粉病菌在 15～40℃ 下可正常生长繁殖，且繁殖的最适宜温度为 25～29℃；而当相对湿度介于30％～50％之间时，葡萄白粉病分生孢子会入侵并感染受害葡萄植株。推测原因可能是由于当温度到达 20～25℃ 时，地平面潮湿，白粉病病菌闭囊壳会吸湿膨胀，萌发产生子囊孢子，孢子会随气流到易感病的葡萄植株上，随后感染细胞植株致病。夏季天气相对闷热且干旱，这种天气状况最适宜白粉病病菌萌发感染（热孜完古丽，2015）。而赖侃宁（2008）认为，温度、湿度对子囊孢子的萌发起决定性作用，子囊孢子在 15～30℃ 间萌发率较高，低于或高于这个温度区间都不利于子囊孢子的萌发。本试验中，葡萄白粉菌分生孢子在 4～36℃均可萌发，但较适宜温度为32℃，这与前人研究结果并不完全一致，但与持续观察得到的田间白粉病进入盛期时的温度基本一致。因此，关于葡萄白粉菌分生孢子萌发的最适条件仍待进一步深入研究。目前在葡萄抗白粉病鉴定中，最常用的传统方式是通过田间自然鉴定或人工接种鉴定。王跃进等（1999）认为葡萄抗白粉病鉴定时，在白粉病害流行年份的田间自然鉴定结果可表明葡萄真正的抗性程度，而在环境条件不利于其侵染发病时，辅之以 $2 \times 10^5$ 个/mL 田间人工喷雾悬浮孢子液接种鉴定为宜。而本试验正是于田间白粉病害流行时期进行，故与人工接种鉴定的方法相比，利用田间自然鉴定手段来分析葡萄白粉病抗性更准确。但由于田间自然条件下，病害的发生流行受气候因素的影响较大，因此可通过进一步的调查予以完善。

目前，诸多研究者对分子标记的开发及应用进行了研究，但各种标记辅助育种的适用性仍有待检验，这也是当前分子辅助筛选育种研究的热点。本研究利用中国野生葡萄抗白粉病基因RAPD 标记 OPW02-1756 和 SCAR 标记 SCO11-914（Zhang et al.，2014；Guo et al.，2015）对参试葡萄品种抗白粉病性状进行分子标记辅助选择，结果表明，在利用葡萄抗白粉病基因标记SCO11-914 对不同葡萄品种基因组 DNA 进行的 SCAR 检测中，10 个参试品种均存在 914bp 的特异性 DNA 片段，说明参试品种可能均携带与该标记相连锁的抗白粉病基因。结合田间自然鉴定结果，夏黑、克瑞森无核、早黑宝、无核翠宝、丽红宝、晶红宝、北冰红、河津-1 均表现为抗病品种，表明 SCAR 标记适用于检测上述 8 个品种的白粉病抗性；而在利用葡萄抗白粉病基因标记 OPW02-1756 对不同葡萄品种基因组 DNA 得到 RAPD 进行检测中发现，除河津-1 外，其余 9 个参试品种均未扩增出1 756bp特异性 DNA 条带，说明这 9 个参试品种可能不携带与该标记相连锁的抗白粉病基因。结合田间自然鉴定结果，河津-1在田间表现出高度抗病性状，表明其可利用该标记进行检测；然而同样对病害表现出高度抗性的北冰红作为杂交亲本时，该标记对检测北冰红杂交后代的白粉病抗性并不适用；而秋红宝、晚黑宝在田间未表现出抗病性状，且均未出现目的条带，因此表明该标记适用于其白粉病抗性检测。综上，2个抗白粉病分子标记OPW02-1756和SCO11-914均适用于河津-1葡萄品种的白粉病抗性检测。然而，以上结果得到各参试品种的抗病分级并不完全一致，可能因为上述抗白粉病分子标记具有一定局限性。因此，未来的研究重点可以着重开发或选择使用适用性更广的分子标记探针，扩大参试样本选择数量，并将抗白粉病基因分子标记与植株田间抗白粉病性状的表现结合，筛选出更适宜作抗白粉病育种的亲本，为杂交后代白粉病抗性鉴定提供新的思路。

**4. 结论**　本研究确定葡萄白粉病孢子最适宜的萌发温度为32℃，利用田间自然鉴定和分子标记辅助育种相结合的手段，初步筛选出以河津-1为代表的多个适宜作为葡萄抗白粉病育种的亲本材料，为田间抗病鉴定选择时期和确定病原菌提供了支撑，为葡萄抗病育种研究提供了一定的材料基础。由于试验得到各参试品种抗病分级并不完全一致，抗白粉病分子标记结果与之存在差异，未来的研究仍需在开发或选择使用适用性更广的分子标记探针、扩大参试样本选择数量及将抗白粉病基因分子标记与植株田间抗白粉病性状的表现更加系统完整的结合等方面着重进行。

# 参 考 文 献

宾宇波，沙海峰，任建武，等，2013. 百花山葡萄组织培养和快速繁殖 [J]. 西北林学院学报，28（6）：99-102.

曹莉芬，2014. 提高桂花苗木移栽成活率的技术 [J]. 中国科技信息 (16)：189-190.

曹孜义，康天兰，张金文，1996. 葡萄花药三倍体植株倍性完全型的确定 [J]. 园艺学报，23（2）：194-196.

柴弋霞，胡希军，张冬林，等，2018. 紫花含笑与含笑、深山含笑和阔瓣含笑杂交亲和性分析 [J]. 园艺学报，45（10）：1970-1978.

常月梅，2000. 果树多倍体鉴定进展 [J]. 山西林业科技 (1)：1-4.

晁无疾，袁志发，1990. 我国葡萄属植物分类与亲缘关系的探讨 [J]. 西北农林科技大学学报：自然科学版 (2)：7-12.

陈国海，张同心，徐永江，等，2013. 设施大棚欧亚种葡萄对白粉病的抗性鉴定 [J]. 中国林副特产 (4)：19-21.

陈淑丽，刘俊，张东风，等，2015. 覆盖防寒措施对葡萄越冬温度、含水量及萌芽率的影响 [J]. 河北林业科技 (4)：19-22，34.

陈淑丽，2015. 覆盖防寒对葡萄越冬性的影响 [D]. 河北：河北科技师范学院：1-23.

陈习刚，2009. 葡萄、葡萄酒的起源及传入新疆的时代与路线 [J]. 古今农业 (1)：51-61.

陈永凡，于守荣，杜永，2017. 江苏白粉菌研究 I. 云台山地区的植物白粉菌调查 [J]. 农业科技通讯 (11)：201-206.

陈云风，吴玉婷，2014. 抗生素在植物组织培养中抑制污染应用研究 [J]. 宜春学院学报，36（3）：102-104.

崔梦杰，王晨，吴伟民，等，2017. 葡萄转录因子数据库中 17 个 *MADS-box* 成员在果实发育成熟过程中的表达特征分析 [J]. 果树学报，34（12）：1497-1508.

戴洪义，孙敏，商传明，等，1990. 葡萄的染色体倍性与气孔性状的关系

及其判别分析 [J]. 中外葡萄与葡萄酒 (2)：5-7.

邓秀新，束怀瑞，郝玉金，等，2018. 果树学科百年发展回顾 [J]. 农学学报，8 (1)：24-34.

丁蕾，高志勇，刘卫华，等，2014. 葡萄叶片主要酶活性与抗白粉病的关系 [J]. 山东林业科技，44 (6)：29-32.

董姝娟，郭修武，2008. 几个葡萄品种胚胎发育过程中保护酶活性、丙二醛及内含营养物质含量的变化 [J]. 中外葡萄与葡萄酒 (2)：12-16.

董晓玲，1990. 葡萄胚珠、胚乳及胚的发育 [J]. 植物学通报，7 (1)：53-55.

段慧，2013. 刺葡萄对霜霉病与灰霉病的抗性机理初探 [D]. 长沙：湖南农业大学：30-38.

段来军，2016. 基于叶片形态变异探讨中国葡萄属分类问题 [D]. 华中农业大学：20-26.

段续伟，倪杨，张晓明，等，2018. 甜樱桃成花相关 *MADS-box* 基因的克隆及表达分析 [J]. 果树学报，35 (1)：20-31.

冯德党，吕永刚，王国斌，等，2012. 水稻品种生殖生长期耐冷性及其低温胁迫下 *MADS-box* 基因表达差异分析 [J]. 分子植物育种，10 (5)：501-511.

高美英，韩瑶，赵伟，纪薇，2019. 不同防寒措施对葡萄越冬性的影响 [J]. 北方园艺 (7)：17-26.

古丽孜叶·哈力克，2017. 不同鲜食葡萄抗寒特性的实验研究 [J]. 南方农业，11 (6)：116-118.

桂柳柳，2017. 基于 RAD-seq 技术的中国葡萄属葛藟葡萄支系的系统发育研究 [D]. 华中农业大学：33-38.

郭春会，孙占育，丁霄，等，2010. 纸袋控肥料及叶面补铁对无核白产量品质的影响 [J]. 中国农学通报，26 (8)：194-199.

郭海江，王跃进，张剑侠，等，2005. 葡萄抗病无核胚挽救育种及分子标记辅助选择 [J]. 西北植物学报，25 (12)：2395-2401.

郭绍杰，李铭，李鹏程，等，2013. 几种保温覆盖材料对葡萄安全越冬效果的影响 [J]. 北方园艺，280 (1)：17-20.

郭修武，郭印山，张海娥，等，2007. 接种时期和培养基对无核葡萄胚挽救的影响 [J]. 园艺学报，34 (2)：329-332.

郭艳，李亚静，2014. 红颜草莓脱毒苗炼苗移栽技术研究 [J]. 现代园艺

（5）：11-12.

郭印山，郭修武，张海娥，等，2005. 利用胚挽救技术获得三倍体葡萄植株研究［J］. 沈阳农业大学学报，36（5）：606-608.

郭印山，张海娥，郭修武，等，2006. 早熟葡萄胚抢救技术研究［J］. 中外葡萄与葡萄酒（1）：11-15.

郭紫娟，赵胜建，赵淑云，等，2004. 三倍体葡萄新品种"红标无核"的选育及栽培技术研究［J］. 河北农业科学，8（1）：50-53.

何永华，李朝銮，曹亚玲，1994. 葡萄属营养器官的比较解剖学及其系统学意义［J］. 植物分类学报，32（2）：154-164.

贺军虎，马锋旺，束怀瑞，等，2012. '金煌'杧果胚正常与胚败育果实内源激素的变化［J］. 园艺学报，39（6）：1167-1174.

贺普超，晁无疾，1982. 我国葡萄属野生种花粉电子显微镜扫描研究［J］. 中国果树（3）：43-45，65.

贺普超，王跃进，王国英，1991. 中国葡萄属野生种抗病性的研究［J］. 中国农业科学，24（3）：50-56.

贺普超，牛立新，1989. 我国葡萄属野生种抗寒性的研究［J］. 园艺学报，16（2）：81-88.

贺普超，1999. 葡萄学［M］. 北京：中国农业出版社：6.

侯涛义，2012. 父本对'金田皇家无核'胚培养的影响及试管苗移栽技术探讨［J］. 河北科技师范学院：40.

胡加谊，陈哲，胡福初，等，2017. 菠萝 *MADS-box* 基因家族的生物信息学分析［J］. 基因组学与应用生物学，36（8）：3042-3052.

胡秀艳，崔增平，崔著明，2015. 葡萄越冬防寒的几项有效措施［J］. 现代农业（1）：20.

胡月苗，向林，章秋爽，等，2016. 兰科植物花器官发育 *MADS-box* 调控基因研究进展［J］. 分子植物育种，14（4）：886-895.

胡子有，2018. 基于果粒体积和横径及纵径"温克"葡萄果实生长发育规律分析［J］. 北方园艺（20）：48-51.

纪薇，高美英，张鹏飞，等，2015. 无核葡萄胚挽救苗的驯化及移栽技术［J］. 山西农业大学学报：自然科学版，35（2）：147-150.

纪薇，孙峰，骆强伟，等，2015. 葡萄新品种"新郁"在新疆吐鲁番地区的光合效应研究（英文）［J］. 西北林学院学报，30（5）：79-85.

纪薇，张鹏飞，高美英，等，2014. 无核葡萄胚挽救培养污染防治的初步
研究 [J]. 陕西林业科技（6）：10-13.

纪薇，2017. 无核葡萄是怎么来的 [J]. 科普微报—农业科普（66）：22-24.

纪薇，2013. 无核葡萄胚挽救种质创新及畸形苗转化利用研究 [D]. 西北
农林科技大学.

焦晓博，罗尧幸，赵伟，等，2018. 葡萄 MYB 基因家族及其对花器官性别
分化调控的分析 [J]. 山西农业大学学报：自然科学版，38（5）：23-
32，39.

焦志鑫，李俊畅，牛吉山，2017. 小麦 MIKC 型 *MADS-box* 基因家族分析
[J]. 农业生物技术学报，25（11）：1756-1769.

姜建福，樊秀彩，张颖，等，2018. 中国葡萄品种选育的成就与可持续发
展建议 [J]. 中外葡萄与葡萄酒（1）：60-67.

姜建福，魏伟，樊秀彩，等，2011. 中国野生葡萄分布状况与保护空缺分
析 [J]. 果树学报，28（3）：413-417，550.

蒋爱丽，李世诚，金佩芳，等，2002. 大败育型无核葡萄胚珠培养成苗技
术研究 [J]. 上海交通大学学报：农业科学版，20（1）：45-48.

蒋爱丽，李世诚，金佩芳，等，2007. 胚培无核葡萄新品种——沪培 1 号
的选育 [J]. 果树学报，24（3）：402-403.

焦晓博，罗尧幸，赵伟，等，2018. 葡萄 MYB 基因家族及其对花器官性别
分化调控的分析 [J]. 山西农业大学学报：自然科版，8（5）：23-32，39.

赖侃宁，2008. 中国葡萄白粉菌有性世代的生物学特性研究 [D]. 杨凌：
西北农林科技大学：20.

兰阿峰，纪薇，梁宗锁，2007. 赤霉素对金银花成花过程的调控 [J]. 西
北农林科技大学学报：自然科学版（5）：163-165.

黎涛，贺明阳，王跃进，等，2010. 华东葡萄抗白粉病转录因子基因的克
隆及亚细胞定位分析 [J]. 农业生物技术学报，18（4）：777-782.

李昌亨，杜丽娟，焦文娟，等，2014. UV-C 对赤霞珠叶片多酚类物质含量
的影响 [J]. 华北农学报，29（3）：176-179.

李昌亨，高美英，张鹏飞，等，2014. UV-C 照射对赤霞珠叶片抗氧化酶系
的影响 [J]. 山西农业科学，42（4）：332-334，337.

李昌亨，贾杨超，张伟，等，2014. 采后 UV-B 对葡萄果实中多酚及 PAL
活性的影响 [J]. 中国园艺文摘，30（5）：10-12，159.

李德燕，潘学军，2009. 贵州野生毛葡萄光合特性比较［J］. 北方园艺
（11）：9-12.

李登科，薛晓芳，王永康，等，2016. 枣胚胎发育及胚败育动态观察［J］.
西北农业学报，25（9）：1379-1385.

李菲，颜培玲，张文娥，等，2016. 野生毛葡萄水通道蛋白基因 *VhPIPs*
的克隆与组织特异性表达研究［J］. 园艺学报，43（12）：2304-2314.

李改珍，齐仙惠，李梅兰，等，2017. 大白菜花发育不同时期的转录组研
究［J］. 山西农业大学学报：自然科学版，37（10）：701-706.

李慧峰，贾厚振，董庆龙，等，2016. '鲁星'桃中 10 个 *MADS-box* 基因
克隆和表达分析［J］. 中国农业科学，49（23）：4593-4605.

李桂荣，王跃进，唐冬梅，等，2001. 无核白胚挽救育种技术研究［J］.
西北植物学报，21（3）：432-436.

李桂荣，2013. 无核葡萄胚胎发育的生理特性和胚挽救育种技术的研究
［D］. 西北农林科技大学：12-19.

李桂荣，程珊珊，张少伟，等，2018. 葡萄抗寒相关生理生化指标灰色关
联分析［J］. 东北林业大学学报，46（10）：40-47，53.

李慧娥，郭其强，2012. 葡萄抗病分子育种研究进展［J］. 园艺学报，39
（1）：182-190.

李慧勇，梁志涛，宫英振，等，2015. 葡萄越冬防寒技术［J］. 现代农业
科技（15）：103-105.

李建书，2014. 浅谈植物组织培养如何减少污染［J］. 教学仪器与实验，
30（3）：41-42.

李明芳，卢诚，刘兴地，等，2016. 荔枝无核和焦核机理的研究进展［J］.
热带作物学报，37（5）：1043-1049.

李鹏程，郭绍杰，李铭，等，2012. 玻璃棉覆盖葡萄越冬安全性及影响因
素研究［J］. 江苏农业科学，40（6）：136-137.

李鹏程，郭绍杰，李铭，等，2014. 不同保温材料覆盖对戈壁地葡萄越冬
温度的影响［J］. 湖北农业科学，53（12）：2838-2840.

李鹏程，郭绍杰，李铭，等，2014. 不同材料覆盖越冬对葡萄枝蔓及根系
抗寒生理指标的影响［J］. 西南农业学报（1）：253-258.

李鹏程，郭绍杰，李铭，等，2011. 葡萄专用覆盖材料对红地球葡萄安全
越冬防寒效果综合评价［J］. 中国农学通报，228（6）：214-218.

李世诚，金佩芳，蒋爱丽，等，1998. 与四倍体杂交的无核葡萄胚珠培养获得三倍体植株 [J]. 上海农业学报，14（4）：13-17.

李顺雨，潘学军，张文娥，等，2009. 红宝石无核胚珠败育的直观形态学研究 [J]. 北方园艺（4）：33-36.

李婉平，吕晓彤，刘敏，等，2018. 江西君子谷野生刺葡萄果实品质特性分析 [J]. 北方园艺（10）：30-40.

李文明，辛建攀，魏驰宇，等，2017. 植物抗寒性研究进展 [J]. 江苏农业科学，45（12）：6-11.

李小方，张志良，2016. 植物生理学实验指导 [M]. 北京：高等教育出版社：91-94，114-115，192-193.

李晓华，郭慧娟，畅志坚，等，2017. 小麦白粉病成株抗性研究现状 [J]. 山西农业科学，45（4）：653-658.

李雪雪，郭荣荣，罗尧幸，等，2016. 户太 8 号葡萄在山西省河津市的引种表现及栽培技术 [J]. 果农之友（S1）：59-61.

李妍琪，沈莉，简军全，等，2017. 葡萄砧木及杂种的抗寒性鉴定 [J]. 中外葡萄与葡萄酒（3）：26-30.

李颖，李春燕，2002. 多菌灵和青霉素在组培污染中的应用 [J]. 林业科技，27（3）：6-8.

李玉玲，伍国红，孙锋，等，2011. 新疆鄯善地区葡萄胚挽救苗移栽技术 [J]. 中外葡萄与葡萄酒（9）：28-30.

李志军，刘志国，徐强，等，2008. 安祖花组织培养污染研究 [J]. 山东林业科技（2）：22-23.

李志瑛，王跃进，2019. 'Fresno Seedless' 葡萄幼胚和胚乳发育及败育的组织学观察 [J]. 北方园艺（1）：1-6.

刘崇怀，2003. 无核葡萄品种的无核性来源分析 [J]. 植物遗传资源学报，4（1）：58-62.

刘芳，寇芯，聂萧，等，2017. 不同促萌处理对葡萄芽萌发和果实品质的影响 [J]. 分子植物育种，15（1）：370-376.

刘会宁，李从玉，2015. 6 个生理生化指标与葡萄抗白粉病的关系 [J]. 中国南方果树，44（5）：79-82.

刘菊华，徐碧玉，张静，等，2010. MADS-box 转录因子的相互作用及对果实发育和成熟的调控 [J]. 遗传，32（9）：893-902.

刘巧，张立华，王跃进，等，2016. 两个无核葡萄品种胚及胚乳败育的细胞学研究 [J]. 北方园艺 (3)：31-35.

刘三军，孔庆山，1995. 我国野生葡萄分类研究 [J]. 果树科学 (12)：224-227.

刘小宁，王跃进，张剑侠，等，2005. 'Flame Seedles'葡萄胚珠、胚乳及胚发育与败育的研究 [J]. 西北植物学报，25 (10)：1947-1953.

柳燕，谢礼洋，赖钟雄，等，2017. 苋菜 amaAG 基因克隆与生物信息学分析 [J]. 江西农业大学学报，39 (1)：168-174.

柳跃，潘超美，赖珍珍，等，2014. 毛冬青组培苗壮苗生根与炼苗移栽技术研究 [J]. 中国现代中药，16 (4)：307-311.

卢诚，俞忠华，2009. 浅谈葡萄的起源和进化 [J]. 河北林业，(04)：22-23.

卢精林，李丹，祁晓婷，等，2015. 低温胁迫对葡萄枝条抗寒性的影响 [J]. 东北农业大学学报，46 (4)：36-43.

罗世杏，2008. 葡萄白粉病侵染过程和葡萄蛋白质双向电泳体系的建立 [D]. 杨凌：西北农林科技大学：15.

罗尧幸，高飞，高美英，等，2017.8 个不同品种葡萄种子萌发力差异分析 [J]. 山西农业科学，45 (3)：350-353.

罗尧幸，郭荣荣，李雪雪，等，2018. 基于隶属函数法评价 7 个鲜食葡萄品种的抗寒性 [J]. 贵州农业科学，46 (6)：38-44.

罗尧幸，2017. 耐寒无核葡萄胚挽救种质创新研究 [D]. 山西农业大学.

吕春晶，孙凌俊，魏潇，等，2017. 可溶性糖与葡萄抗寒性的关系研究进展 [J]. 辽宁农业科学 (4)：50-53.

马红梅，卢勇，谭子辉，等，2015. 两个欧美种葡萄在沂蒙山区的引种观察 [J]. 山西果树 (2)：24-25.

马丽，孙凌俊，赵文东，2018. 葡萄胚珠发育及败育过程中果实主要营养成分变化 [J]. 安徽农业科学，46 (11)：37-38.

马孟增，甘专，张文娥，等，2013. 中国野生毛葡萄叶盘法遗传转化中抗生素种类及体积质量分数的筛选 [J]. 西南大学学报：自然科学版，35 (7)：14-20.

孟聚星，2017. 中国野生葡萄地理分异研究 [D]. 河南科技大学：10-20.

孟新法，张利，张潞生，等 .1992. 无核葡萄胚发育及早期离体培养的研究：III. 培养方式对离体胚发育影响 [J]. 北京农业大学学报，18 (4)：

393-395.

牛俊海，黄少华，冷青云，等，2015. 分子标记技术在红掌研究中的应用与展望 [J]. 分子植物育种，13（6）：1424-1432.

牛立新，贺普超，1996. 我国野生葡萄属植物系统分类研究 [J]. 园艺学报（3）：209-212.

潘学军，2005. 无核抗病葡萄胚挽救技术体系优化及新品系培育 [D]. 西北农林科技大学：15-35.

潘学军，李顺雨，张文娥，等，2011. 种子败育型葡萄胚珠败育前后抗氧化物质及丙二醛含量的变化 [J]. 中国园艺学会 2011 年学术年会论文摘要集 [C]：1.

潘学军，李德燕，张文娥，等，2010. 贵州葡萄属野生种植物资源调查分析 [J]. 果树学报，27（6）：898-901，1073.

潘学军，李顺雨，张文娥，等，2011. 种子败育型葡萄胚珠败育前后抗氧化物质及丙二醛含量的变化. 园艺学报，38（增刊）：2482.

潘学军，王跃进，张剑侠，等，2004. 葡萄胚挽救苗移栽技术的研究 [J]. 西北植物学报，24（6）：1077-1082.

潘学军，张文娥，杨秀永，等，2010. 贵州喀斯特山区野生葡萄实生苗抗旱机理研究 [J]. 西北植物学报，30（5）：955-961.

裴晓英，项殿芳，王娜，2015. '金田皇家无核' 葡萄种子败育的动态变化 [J]. 河北林业科技（1）：20-22.

齐春华，2011. 植物组织培养技术发展现状及方向 [J]. 农业科技与装备（4）：10-11.

乔玉山，房经贵，沈志军，等，2004. 果树农艺性状基因的分子标记及其应用 [J]. 果树学报，21（2）：158-163.

热孜完古丽·阿不拉，2015. 葡萄白粉病发生规律与防治措施 [J]. 河北果树（2）：56-56.

任菲宏，仲伟敏，张文娥，等，2019. 喀斯特山区野生葡萄幼苗的抗旱性评价 [J]. 西北农林科技大学学报：自然科学版（1）：1-8.

任杰，徐彦平，2009. 葡萄胚挽救试管苗配套优化移栽技术研究 [J]. 农业科学研究，30（4）：91-93.

任群红，谭小丽，罗尧兴，等，2015. 6 个葡萄品种抗寒性比较分析 [J]. 山西农业科学，43（10）：1240-1242，1278.

尚成金，尚鹏，2016. 大同地区露地葡萄埋土防寒及出土技术 [J]. 山西
　果树 (1)：51.

师守国，吴哲，2018. 中条山野葡萄籽中原花青素的提取工艺 [J]. 北方
　园艺 (10)：136-143.

石雪晖，杨国顺，熊兴耀，等，2010. 湖南省刺葡萄种质资源的研究与利
　用 [J]. 湖南农业科学 (19)：1-4.

时群，韦大器，陈丽文，等，2007. 牛大力茎段组织培养污染率控制方法
　的初步研究 [J]. 广西中医学院学报，10 (3)：63-65.

宋锋惠，李康，史彦江，2002. 阿月浑子组织培养及快速繁殖技术研究
　[J]. 新疆农业科学，39 (6)：343-345.

苏来曼·艾则孜，王勇，李玉玲，等，2014. 不同鲜食葡萄品种花粉生命
　力测定及贮藏特性研究 [J]. 现代农业科技 (13)：73-75.

孙大元，张景欣，陈冠州，等，2017. 空间诱变选育抗稻瘟病水稻品种研
　究进展与展望 [J]. 核农学报，31 (2)：271-279.

孙鲁龙，宋伟，杜远鹏，等，2015. 简易覆盖对泰安地区酿酒葡萄园冬季
　土壤温湿度的影响 [J]. 中外葡萄与葡萄酒，202 (4)：14-18.

孙马，王跃进，2006. 中国野生葡萄染色体倍性研究 [J]. 西北农业学报
　(6)：148-152.

汤雪燕，赵统利，邵小斌，等，2014. 植物组织培养的污染防治 [J]. 江
　苏农业科学，42 (1)：50-52.

唐冬梅，2010. 无核葡萄杂交胚挽救新种质创建与技术完善 [D]. 西北农
　林科技大学：26-36.

唐晓萍，陈俊，马小河，等，2014. 鲜食无核葡萄新品种-'晶红宝'的选
　育 [J]. 果树学报，31 (1)：159-160.

田莉莉，2007. 抗病无核葡萄胚挽救育种及种质创新 [D]. 西北农林科技
　大学：20-25.

王辰，姚文孔，谢小青，等，2016. 华东葡萄泛素连接酶基因 *VpUIRP2* 和
　*VpUIRP3* 的抗白粉病特性分析 [J]. 果树学报，12 (33)：1477-1491.

王飞，王跃进，周建锡，2006. 无核葡萄与中国野生葡萄杂种的胚挽救技
　术研究 [J]. 园艺学报 (5)：1079-1082.

王飞，王跃进，万怡震，等，2004. 无核葡萄与中国野生葡萄杂种胚败育
　的某些生理生化变化 [J]. 园艺学报 (5)：651-653.

王海波，程来亮，常源升，等，2016. 苹果矮化砧'71-3-150'对冷胁迫的生理与转录组响应 [J]. 园艺学报，43（8）：1437-1451.

王航，张西英，陈芳，2014. 不同抗生素对马铃薯组培苗细菌污染抑制效果比较 [J]. 农村科技（6）：38.

王晶，罗国光，1996. 巨峰葡萄胚和胚乳的发育 [J]. 园艺学报（2）：191-193.

王静波，罗尧幸，桂英，等，2016. 我国葡萄染色体倍性鉴定研究进展 [J]. 果农之友（S1）：3-5.

王军，2009. 生物技术与葡萄遗传育种 [J]. 中国农业科学，2（8）：2862-2874.

王莉，2017. 基于转录组和基因组的葡萄无核分子机制及无核相关基因功能研究 [D]. 西北农林科技大学：111-130.

王丽丽，栾炳辉，刘学卿，等，2017. 葡萄叶片中营养物质和叶绿素含量与其对绿盲蝽抗性的关系 [J]. 昆虫学报，60（5）：570-575.

王旺田，刘文瑜，姜寒玉，等，2015. 低温胁迫对葡萄幼苗渗透调节物质及抗氧化酶活性的影响 [J]. 中国果树（1）：14-17.

王西平，刘斌，王跃进，2007. 毛葡萄芪合成酶基因的克隆及序列分析 [J]. 西北植物报，27（8）：1544-1549.

王秀梅，张云，朱甜甜，等，2018. 不同防寒措施对伊犁露地栽培甜樱桃生理特性的影响 [J]. 北方园艺（15）：38-44.

王雅琳，孙萍，李唯，2017.8 个葡萄品种抗寒性及生理指标相关性分析 [J]. 甘肃农业科技（8）：34-40.

王依，靳娟，罗强勇，等，2015.4 个酿酒葡萄品种抗寒性的比较 [J]. 果树学报，32（4）：612-619.

王跃进，贺普超，1997. 中国葡萄属野生种叶片抗白粉病遗传研究 [J]. 中国农业科学，30（1）：19-25.

王跃进，贺普超，张剑侠，1999. 葡萄抗白粉病鉴定方法的研究 [J]. 西北农业大学学报，27（5）：6-10.

王跃进，Lamikanra O，卢江，等，1996. 葡萄无核基因的 RAPD 遗传标记（英文）[J]. 西北农业大学学报，24（5）：1-10.

王跃进，Lamikanra O，2002. 检测葡萄无核基因 DNA 探针的合成与应用 [J]. 西北农林科技大学学报：自然科学版，30（3）：42-46.

王跃进，贺普超，1987. 中国葡萄属野生种抗黑痘病的鉴定研究 [J]. 果树科学，4 (4)：1-8.

王跃进，贺普超，1997. 中国葡萄属野生种叶片抗白粉病遗传研究 [J]. 中国农业科学，30 (1)：20-26.

王跃进，江淑平，刘小宁，等，2007. 假单性结实无核葡萄胚败育机理研究 [J]. 西北植物学报 (10)：1987-1993.

王跃进，万怡震，2002. 美国加州的葡萄生产与科研 [J]. 西北农林科技大学学报：自然科学版 (1)：134-140.

王跃进，徐炎，张剑侠，等，2002. 中国野生葡萄果实抗炭疽病基因的RAPD标记 [J]. 中国农业科学，35 (5)：536-540.

王跃进，杨英军，周鹏，等，2002. 用DNA探针检测我国栽培的无核葡萄及辅助育种初探 [J]. 园艺学报 (2)：105-108.

温鹏飞，2008. 葡萄的起源与传播 [J]. 农产品加工 (10)：12-14.

魏蓉，巩培杰，李树秀，等，2013. 葡萄 $\beta VPE$ 基因启动子的克隆与功能分析 [J]. 园艺学报，40 (增刊)：2591.

吴建祥，朱志凌，潘丽滨，等，2012. 葡萄起垄栽植早期丰产栽培试验 [J]. 江苏林业科技，39 (3)：23-25.

吴月燕，付涛，王忠华，等，2016. 鄞红葡萄及其8个优良单株主要性状差异分析 [J]. 核农学报，30 (9)：1684-1692.

武书哲，张娜，田淑芬，2014. 无核葡萄胚挽救技术研究进展 [J]. 中外葡萄与葡萄酒 (3)：62-66.

肖丽珍，2012. 设施栽培无核葡萄胚珠、胚发育动态 [J]. 中国林副特产 (4)：6-8.

肖培连，吕晓彤，侯丽霞，等，2017. 葡萄 WRKY54 基因克隆及表达特性分析 [J]. 核农学报，31 (1)：21-28.

徐海英，闫爱玲，张国军，2005. 葡萄二倍体与四倍体品种间杂交胚挽救取样时期的确定 [J]. 中国农业科学 (3)：629-633.

徐海英，张国军，闫爱玲，2001. 无核葡萄育种及杂交亲本的选择 [J]. 中外葡萄与葡萄酒 (3)：30-32.

徐洪国，2014. 葡萄耐热性评价及不同耐热性葡萄转录组研究 [D]. 北京：中国农业大学：14-15.

徐龙光，郭军战，严婷，2014. 古侧柏组织培养研究 [J]. 西北林学院学报，30（5）：92-95.

徐晓厚，2017. 梨白粉病的发生规律及防治技术［J］. 果树实用技术与信息（1）：29-30.

闫爱玲，张国军，徐海英，2008. 葡萄不同倍性品种间杂交胚挽救及鉴定［J］. 西北农业学报（3）：223-226.

颜培玲，潘学军，张文娥，2015. 野生毛葡萄水通道蛋白基因 VhPIP1 的克隆及其在干旱胁迫下的表达分析［J］. 园艺学报，42（2）：221-232.

杨承时，2003. 中国葡萄栽培的起始及演化［J］. 中外葡萄与葡萄酒（4）：4-7.

杨光，曹雪，房经贵，等，2010. 葡萄 7 个重要花发育相关基因序列特征的分析［J］. 江西农业学报，22（2）：49-52，54.

杨光，岳林旭，王晨，等，2010. 葡萄 9 个重要花发育相关基因在藤稔葡萄夏芽成花过程中的表达分析［J］. 果树学报，27（6）：892-897.

杨克强，王跃进，张今今，等，2005. 葡萄无核基因定位与作图的研究［J］. 遗传学报（3）：297-302.

杨黎，孙丛苇，代志军，等，2015. 基于 MADS-box 诱饵与蛋白质相互作用的拟南芥花瓣发育分子网络拓展［J］. 植物学报，50（5）：614-622.

杨瑞，郝燕，2015. 不同葡萄品种对霜霉病和白粉病抗性调查［J］. 农业科技通讯（4）：135-137.

杨涛，宋丹，张晓莹，等，2015. 部分蔷薇属植物远缘杂交亲和性评价［J］. 东北农业大学学报，46（2）：72-77.

杨英军，王跃进，周鹏，等，2002. 葡萄无核基因的 SCAR 标记及 Southern blot 分析［J］. 西北农林科技大学学报：自然科学版（6）：77-80.

杨有龙，1992. 美国和日本的葡萄育种［J］. 北方果树（2）：1-5.

杨贞妮，2017. 番茄花器官发育相关转录因子的研究进展［J］. 安徽农学通报，23（11）：27-32，51.

叶添谋，2010. 植物组织培养过程中的常见技术难题研究进展［J］. 韶关学院学报，31（3）：84-90.

余凤岚，潘学军，张文娥，2015. 贵州野生毛葡萄果实品质及发酵特性的研究［J］. 西北林学院学报，30（6）：114-118.

张福平，2004. 粤东地区野生葡萄植物资源及其开发利用［J］. 中国野生植物资源（3）：11-12，18.

张建成，高利敏，王鹏飞，等，2018. 欧李 ChCCD4 基因的克隆与原核表达 [J]. 分子植物育种，16 (18)：5914-5919.

张剑侠，牛茹萱，2013. 无核葡萄胚挽救技术的研究现状与展望 [J]. 园艺学报，40 (9)：1645-1655.

张剑侠，2006. 中国野生葡萄抗病基因标记及辅助育种应用研究 [D]. 杨凌：西北农林科技大学：54.

张军科，罗世杏，李小伟，等，2008. 白粉菌在不同抗病性葡萄叶片上的侵染过程比较 [J]. 西北农林科技大学学报：自然科学版，36 (3)：161-170.

张利，孟新法，张潞生，等，1991. 无核葡萄胚珠发育及早期离体培养的研究Ⅱ. 无核葡萄胚发育的特点 [J]. 北京农业大学学报 (4)：55-59.

张少伟，李桂荣，朱自果，等，2017. 不同无核葡萄品种花粉贮藏及其生命力的测定 [J]. 东北林业大学学报，45 (9)：49-53.

张文娥，王飞，潘学军，2007. 应用隶属函数法综合评价葡萄种间抗寒性 [J]. 果树学报 (6)：849-853.

张颖，孙海生，樊秀彩，等，2013. 中国野生葡萄资源抗白腐病鉴定及抗性种质筛选 [J]. 果树学报，30 (2)：191-196.

张永辉，刘崇怀，樊秀彩，等，2011. ISSR 标记在中国野生葡萄分类中的应用 [J]. 果树学报，28 (3)：406-412.

张玉星，2012. 果树栽培学各论 [M]. 第 3 版. 北京：中国农业出版社：102-103.

张宗勤，纪薇，丁家华，等，2011. '无核白'葡萄及其营养变异系的光合作用与果实特性（英文）[J]. 西北植物学报，31 (8)：1657-1664.

赵浩暖，王海宁，丛明燕，等，2016. 一氧化氮与低温协同处理对巨峰葡萄果实贮藏品质的影响 [J]. 华北农学报，31 (增刊)：188-194.

赵兴富，朱永平，肖靖译，等，2015. 植物 MADS-box 基因多样性及进化研究进展 [J]. 北方园艺，39 (11)：180-186.

赵世杰，苍晶，2016. 植物生理学实验指导 [M]. 中国农业出版社：214-216.

赵伟，高美英，罗尧幸，等，2018. 田间鉴定结合分子标记筛选葡萄抗白粉病材料 [J]. 核农学报，32 (8)：1483-1491.

赵伟，罗尧幸，焦晓博，等，2018. 葡萄中 4 个花发育相关 MADS-box 基因的表达与生物信息分析 [J]. 分子植物育种，16 (20)：6572-6582.

赵玉山，2017. 我国葡萄产销存在问题及发展对策 [J]. 科学种养 (3)：

7-8.

仲伟敏，潘学军，刘伟，等，2012. 野生毛葡萄"花溪-4"试管苗对 PEG 胁迫的形态及生理响应 [J]. 西北农林科技大学学报：自然科学版，40 (6)：181-188.

朱金儒，孙晓光，张晓曼，2016. 贴梗海棠花粉生命力的测定 [J]. 河北林业科技，10 (5)：10-13.

朱立波，2016. 创新农作葡萄果蔬套种对病虫害发生的影响研究 [D]. 杭州：浙江农林大学：8.

朱林，李佩芬，卢炳芝，等，1992. 无核葡萄品种的胚珠养和胚分化（简报）[J]. 植物生理学通讯，28 (4)：273-274.

邹琦，2000. 植物生理学实验指导 [M]. 北京：中国农业出版社：131-135.

邹宗峰，田明英，缪玉刚，2015. 瓜类果斑病田间接种试验初报 [J]. 北京农业 (15)：94.

Adam-Blondon A F, Lahogue-Esnault F, Bouquet A, et al, 2001. Usefulness of two SCAR markers for marker-assisted selection of seedless grapevine cultivars. Vitis (40)：147-155.

Agüero C, Gregori M T, Ponce M T, et al, 1996. Improved germination of stenospermic grape fertilized ovules by low temperatures. Biocell (20)：123-126.

Agüero C, Riquelme C, Tizio R, 1995. Embryo rescue from seedless grapevines (*Vitis vinifera* L.) treated with growth retardants. Vitis (34)：73-76.

Al-Khayri J M, 2011. Influence of yeast extract and casein hydrolysate on callus multiplication and somatic embryogenesis of date palm (*Phoenix dactylifera* L.) Sci Hortic, 130 (3)：531-535.

Amaral A L, Oliveira P R, Czerainski A B, et al, 2001. Embryo growth stages on plant obtention from crosses between seedless grape parents. Rev Bras Frutic (23)：647-651.

Ander N, Byrne D H, Sinclair J, et al, 2002. Cooler temperature during germination improves the survival of embryo cultured peach seed. Hortscience (37)：402-403.

Baudoin A, Olaya G, Delmotte F, et al, 2008. QoI resistance of Plasmopara viticola and Erysiphe necator in the Mid-Atlantic United States. Plant

Health Progress, 22 (10): 2008-2011.

Bessho H, Miyake M, Kondo M, 2000. Grape breeding in Yamanashi, Japan present and future. Acta Hortic (538): 493-496.

Bharathy P V, Karibasappa G S, Biradar A B, et al, 2003. Influence of pre-bloom sprays of benzyladenine on *in vitro* recovery of hybrid embryos from crosses of Thompson seedless and 8seeded varieties of grape (*Vitis* spp.). Vitis (42): 199-202.

Bharathy P V, Karibasappa G S, Patil S G, et al, 2005. *In ovulo* rescue of hybrid embryos in Flame Seedless grapes-Influence of pre-bloom sprays of benzyladenine. Sci Hortic, 106 (3): 353-359.

Bouquet A and Davis H P, 1989. In vitro ovule and embryo culture for breeding seedless table grapes (*Vitis vinifera* L.). Agronomie (9): 565-574.

Bouquet A, Danglot Y, 1996. Inheritance of seedlessness in grapevine (*Vitis vinifera* L.). Vitis (35): 35-42.

Bouquet A, 1980. *Vitis* × *Muscadinia* hybridization as a method of introducing resistance characters into cultivated vine by introgression, and the cytogenetic and taxonomic problems in parents. Annales De L Amelioration des Plantes (30): 213-214.

Bozhinova-Boneva I, 1978. Inheritance of seedlessness in grapes. Genet Sel (11): 399-405.

Burger P and Trautmann I A, 2000. Manipulations of ovules to improve *in vitro* development of *Vitis vinifera* L. embryos. Acta Hortic (528): 613-619.

Burger P, Gerber C A, Gerber A, et al, 2003. Breeding seedless grapes in South African by means of embryo rescue. Acta Hortic (603): 565-569.

Cabezas J A, Cervera M T, Ruiz-Garcia L, et al, 2006. A genetic analysis of seed and berry weight in grapevine. Genome (49): 1572-1585.

Cadot Y, Miñana-Castelló M T, Chevalier M, 2006. Anatomical histological and histochemical changes in grape seeds from *Vitis vinifera* L. cv Cabernet franc during fruit development. JAgr Food Chem, 54 (24): 9206-9215.

Cain D W, Emershad R L, Tarailo R E, 1983. *In ovule* embryo culture and seedling development of seeded and seedless grape (*Vitis vinifera* L.). Vitis (22): 9-14.

Choudhury R A, Mcrberts N, Gubler W D, 2014. Effects of punctuated heat stress on the grapevine powdery mildew pathogen, Erysiphe necator. Phytopathol Mediterr, 53 (1): 148.

Constantinescu G, Pena A, Indreas A, 1975. Inheritance of some qualitative and quantitative characters in the progeny of crosses between functionally female (gynodynamic) and apyrene (androdynamic) varieties. Plobleme de Genetica Teoretica, SiAplicata (7): 213-241.

Crowley L C, Marfell B J, Christensen M E, et al, 2016. Measuring cell death by trypan blue uptake and light microscopy. Cold Spring Harbor Protocols (7): 643-646.

Darvishzadeh R, Alavi R, Sarrafi A, 2010. Resistance to powdery mildew (*Erysiphe cichoracearum* D C.) in oriental and semi-oriental tobacco germplasm under field conditions. J Crop Improvement, 24 (2): 122-130.

Deg̈irmenci D, Marasali B, 2001. Effects of growth regulators on induction of seed trace development and germination rate of stenospermic Sultani C, ekirdeksiz and Perlette grape cultivars. J Agric Sci, 7: 148-152 (in Turkish).

Doligez A, Bouquet A, Danglot Y, et al, 2002. Genetic mapping of grapevine (*Vitis vinifera* L.) applied to the detection of QTLs for seedless and berry weight. Theor Appl Genet (105): 780-795.

Druart P H, 2006. Aneuploidy, a source of genetic diversity for fruit species. Acta hortic: 725.

Dry I B, Feechan A, Anderson C, et al, 2010. Molecular strategies to enhance the genetic resistance of grapevines to powdery mildew. Aust J Grape Wine R, 16 (S1): 94-105.

Dudnik N A, Moliver M G, 1976. Inheritance of seedlessness in grape in south of the Ukrainian SSR. Referativnyi Zhurnal (118): 105-113.

Durham R E, Moore G A, Gray D J, et al, 1989. The use of leaf GPI and IDH isozymes to examine the origin of polyembryony in cultured ovules of seedless grape. Plant Cell Rep (7): 669-672.

Ebadi A, Sarikhani H, Zamani Z, et al, 2004. Effect of male parent and application of boric acid on embryo rescue in some seedless grapevine (*Vitis vinifera*) cultivars. Acta Hort (640): 255-260.

Emershad R L and Ramming D W, 1984. *In ovulo* embryo culture of *Vitis vinifera* L. c. v. 'Thompson seedless'. Am J Bot (71): 873-877.

Emershad R L and Ramming D W, 1994. Somatic embryogenesis and plant development from immature zygotic embryos of seedless grapes (*Vitis vinifera* L.) Plant Cell Rep (14): 6-12.

Emershad R L, Ramming D W, Serpe M D, 1989. *In ovulo* embryo development and plant formation from stenospermic genotypes of *Vitis vinifera*. Am J Bot (76): 397-402.

Ershadi A, Karimi R, Mahdei K N, 2016. Freezing tolerance and its relationship with soluble carbohydrates, proline and water content in 12 grapevine cultivars. Acta Physiol Plant, 38 (1): 2.

Fan CH, Pu N, Wang XP, et al, 2008. Agrobacterium-mediated genetic transformation of grapevine (*Vitis vinifera* L.) with a novel stilbene synthase gene from Chinese wild *Vitis* pseudoreticulata. Plant Cell Tiss Org, 92 (2): 197-206.

Fernandez G E, Clark J R, Moore J N, 1991. Effect of seedcoat manipulation on the germination of stenospermocarpic grape embryos cultured in ovule. Hortscience (26): 1220.

Garcia E, Martinez A, Garcia de la Calera E, et al, 2000. *In vitro* culture of ovules and embryos of grape for the obtain of new seedless table grape cultivars. Acta Hort (528): 663-666.

Gaspero G D, Cipriani G, 2003. Nucleotide binding site/leucine-rich repeats, pto-like and receptor-like kinases related to disease resistance in grapevine. Mo Gen Genomics (269): 612-623.

Gibson S I, 2005. Control of plant development and gene expression bysugar signaling. Current Opinion in Plant Biology, 8 (1): 93-102.

Glaser N, 2012. Influence of natural food compounds on DNA stability: 29-31.

Glimelius K, 2006. High growth rate and regeneration capacity of hypocotyl protoplasts in some Brassicaceae. Physiol Plantarum (61): 38-44.

Goldy R G, Ramming D W, Emershad R L, et al, 1989. Increasing production of *Vitis vinifera* × *V. rotundifolia* hybrids through embryo rescue. Hortscience (24): 820-822.

Goldy R G, 1987. *In vitro* cultivability of ovules from 10 seedless grape clones. Hortscience (22): 952.

Goldy R, Emershad R, Ramming D, et al, 1988. Embryo culture as a means of introgressory seedlessness from *Vitis vinifera* to *Vitis rotundifolia*. Hortscience (23): 886-889.

Golodriga P Y, Troshin L P, Frolava L I, 1986. Inheritance of character of seedlessness in the hybrid generation of *V. vinifera*. Tsitologyia Genetika (19): 372-376.

Gray D J, Fisher L C, Mortensen J A, 1987. Comparison of methodologies for *in ovule* embryo rescue of seedless grapes. HortScience (22): 1334-1335.

Gray D J, Mortensen J A, Benton C M, 1990. Ovule culture to obtain progeny from hybrid seedless bunch grapes. J Am Soc for Hort Sci (115): 1019-1024.

Gribaudo I, Zanetti R, Botta R, et al, 1993. *In ovule* embryo culture of stenospermocarpic grapes. Vitis (32): 9-14.

Grimplet J, Martínez-Zapater J M., and Carmona M J, 2016. Structural and functional annotation of the MADS-box transcription factor family in grapevine. BMC Genomics, 17 (1): 80-113.

Grosser J W, Gmitter Jr F G, 2011. Protoplast fusion for production of tetraploids and triploids: applications for scion and rootstock breeding in citrus. Plant Cell Tiss Org (104): 343-357.

Guo Y, Shi G, Liu Z, et al, 2015. Using specific length amplified fragment sequencing to construct the high-density genetic map for *Vitis* (*Vitis vinifera* L. × *Vitis amurensis* Rupr.). Front Plant Sci, 6 (393): 393.

Guo YS, Zhao YH, Li K, et al, 2011. Embryo rescue of crosses between diploid and tetraploid grape cultivars and production of triploid plants. Afr J Biotechnol, 10 (82): 19005-19010.

Hanania U, Velcheva M, Sahar N, Flaishman M, Or E, Degani O, Perl A, 2009. The ubiquitin extension protein S27a is differentially expressed in developing flower organs of Thompson seedless versus Thompson seeded grape isogenic clones. Plant Cell Rep, 28 (7): 1033-1042.

Harris-Shultz K R, Schwartz B M, Brady J A, 2011. Identification of Simple Sequence Repeat Markers that Differentiate Bermudagrass Cultivars Derived from 'Tifgreen'. J Am Soc Hortic Sci (136): 211-218.

Hazarika R R, Mishra V K, Chaturvedi R, 2013. *In vitro* haploid production-A fast and reliable approach for crop improvement. Crop improvement under adverse conditions. Springer New York: 171-212.

Heo J Y, Park K S, Yun H K, et al, 2007. Degree of abortion and germination percentage in seeds derived from interploid crosses between diploid and tetraploid grape cultivars. Hortic Enviro Biote, 48: 115-121.

Horiuchi S, Kurooka H, Furuta T, 1991. Studies on the embryo dormancy in grape. J Jpn Soc Hortic Sci (60): 1-7.

Ji W, Luo Y, Guo R, et al, 2017. abnormal somatic embryo reduction and recycling in grapevine regeneration. J Plant Growth Regul, 36 (4): 912-918.

Ji W and Wang Y, 2013. Breeding for seedless grapes using Chinese wild *Vitis* spp. II. *In vitro* embryo rescue and plant development. J Sci Food Agr (93): 3870-3875.

Ji W, Li Z, Yao W, et al, 2013. Abnormal seedlings emerged during embryo rescue and its remedy for seedless grape breeding. Korean J Hortic Sci, 31 (4): 483-489.

Ji W, Li G, Luo Y, et al, 2015. *In vitro* embryo rescue culture of F1 progenies from crosses between different ploidy grapes. Genet Mol Res (14): 18616-18622.

Ji W, Li Z, Zhou Q, et al, 2013. Breeding new seedless grape by means of *in vitro* embryo rescue. Genet Mol Res, 12 (1): 859-869.

Jiao Y, Li Z, Xu K, et al, 2018. Study on improving plantlet development and embryo germination rates in *in vitro* embryo rescue of seedless grapevine. New Zeal J Crop Hortic Sci, 46 (1): 39-53.

Johnston S A, Nijs T P M den, Peloquin S J, et al, 1980. The significance of genic balance to endosperm development in interspecific crosses. Theor Appl Genet (57): 5-9.

Kater M M, Franken J, Carney K J, et al, 2001. Sex determination in the monoecious species cucumber is confined to specific floral whorls. Plant Cell, 13 (3): 481.

Kebeli N, Boz Y, Ozer C, 2003. Studies on the applying of embryo culture in breeding new hybrids by crossing seedless grape cultivars. Acta Hort (625): 279-281.

Lahogue F, This P, Bouquet A, 1998. Identification of a codominant scar marker linked to the seedlessness character in grapevine. Theor Appl Gent (97): 950-959.

Ledbetter C A, Burgos L, 1994. Inheritance of stenospermocarpic seedlessness in *Vitis Vinifera* L. J Hered (85): 157-160.

Ledbetter C A, Ramming D W, 1989. Seedlessness in grapes. Hortic Rev (11): 159-184.

Ledbetter C A, Shonnard C B, 1990. Improved seed development and germination of stenosermic grapes by plant growth regulators. J Hortic Sci (65): 269-274.

Lee M G, Park Y S, Jeong S H, et al, 2017. Production of Hypo-and Hyper-tetraploid Seedlings from Open-, Self-, and Cross-Pollinated Hypo-and Hyper-tetraploid Grape. Abstract: horticultural society conference in south korea: 152-153.

Li G, Ji W, Wang G, Zhang J X, et al, 2014. An improved embryo-rescue protocol for hybrid progeny from seedless *Vitis vinifera* grapes×wild Chinese *Vitis* species. In Vitro Cell Dev-Pl, 50 (1): 110-120.

Linhova M, Branska B, Patakova P, et al, 2012. Rapid flow cytometric method for viability determination of solventogenic clostridia. Folia Microbiol, 57 (4): 307-311.

Liu S M, Sykes S R, Clingeleffer P R, 2003. Improved *in ovulo* embryo culture for stenospermocarpic grapes (*Vitis vinifera* L. ) Auts J Agr Res (54): 869-876.

Lloyd G B, McCown, BH, 1980. Commercially-feasible micropropagation of mountain laurel, Kalmia latifolia, by use of shoot-tip culture. Proc Int Plant Propag Soc (30): 421-437.

Loomis N H, Weinberger J H, 1979. Inheritance studies of seedlessness in grape. J Amer Soc Hort Sci (104): 181-184.

Lu J, Lamikanra O, 1996. Barriers to inter subgeneric crosses between Muscadinia and Euvitis. Hortscience (31): 269-271.

Luo SL, He PC, Zheng XQ, et al, 2001. Genetic diversity in wild grapes native to China based on randomly amplified polymorphic DNA (RAPD) analysis. Acta Bot Sin, 43 (2): 158-163.

Ma Y Y, Zhang Y L, Shao H, et al, 2010. Differential physio-biochemical responses to cold stress of cold-tolerant and non-tolerant grapes (*Vitis* L.) from China. J Agron Crop Sci, 196 (3): 212-219.

Mariscalco G, Crespan M, 1995. Polyembryony and somatic embryogenesis of in vitro cultured in ovulo embryos of seedless grapes. Wein-wissenschaft (50): 39-43.

Midani A R, Sharma H C, Singh S K, 2002. Effect of ovule age on ovulo-embryo culture in seeded and seedless grape genotypes. Indian J Hortic (59): 359-362.

Minernura M, Izumi K, Yamashita H, et al, 2009. Breeding a new grape cultivar 'Nagano Purple' and its characteristics. Hortic Res-Japan (8): 115-122.

Miyake T, Araki N. Agricultural or horticultural chemical, method of controlling plant diseases, and product for controlling plant diseases. United States Patent 9, 750, 255B2. 2017-9-5.

Moreau L, Charcosset A, Hospital F, et al, 1998. Marker-assisted selection efficiency in populations of finite size. Genetics (148): 1353-1365.

Negral A M, 1934. Contribution to the question of parthenocarpy and apomixes in the grape. Tr Prikl Bot Selem Ser (3): 229-268.

Notsuka K, Tsuru T, Shiraishi M, 2001. Seedless-seedless grape hybridization via *in ovule* embryo culture. J Jap Soc Hortic Sci (70): 7-15.

Palmer J L, Lawn R J, Adkins S W, 2002. An embryo-rescue protocol for Vigna interspecific hybrids. Aust J Bot (50): 331-338.

Park S M, Hiramatsu M, Wakana A, 1999. Aneuploid plants derived from crosses with triploid grapes through immature seed culture and subsequent embryo culture. Plant Cell Tiss Org (59): 125-133.

Park S M, Wakana A, Kim J H, et al, 2002. Male and female fertility in triploid grapes (*Vitis* complex) with special reference to the production of aneuploid plants. Vitis (41): 11-19.

Perl A N, Sahar P, Spiegel-Roy S, et al, 2000. Conventional and biotechnological approaches in Breeding seedless table grapes. Acta Hort (528): 607-612.

Perl A, Sahar N, Eliassi R, et al, 2003. Breeding of new seedless table grapesin Isreal conventional and biotechnological approach. Acta Hort (603): 185-187.

Pinto D L P, de Almeida Barros B, Viccini L F, et al, 2010. Ploidy stability of somatic embryogenesis-derived *Passiflora cincinnata* Mast. plants as assessed by flow cytometry. Plant Cell Tiss Org (103), 71-79.

Pommer C V, Ramming David W, Emershad, R L, 1995. Influence of grape genotype, ripening season, seed trace size, and culture date on *in ovule* embryo development and plant formation. Bragantia (54): 237-249.

Ponce M T, Agüero C B, Gregori M T, et al, 2000. Factors affecting the development of stenospermic grape (*Vitis vinifera*) embryos cultured *in vitro*. Acta Hort (528): 667-671.

Ponce M T, Guinazu M E, Tizio R, 2002. Improved *in vitro* embryo development of stenospermic grape by putrescine. Biocell, 26: 263-266.

Ponce M T, Guinazu M, Tizio R, 2002. Effect of putrescine on embryo development in the stenoepermocarpic grape cvs Emperatriz and Fantasy. Vitis (41): 53-54.

Ramming D W, Emershad R L, Tarailo R, 2000. A stenospermocarpic, seedless *Vitis vinifera* ×*Vitis rotundifolia* hybrid developed by embryo rescue. HortScience, 35 (4): 732-734.

Ramming D W, Emershad R L, 1982. In-ovule embryo culture of seeded and seedless *Vitis vinifera* L. (Abst.) Hortscience (17): 487.

Ramming D W, 1990. The use of embryo culture in fruit breeding. HortScience (25): 393-398.

Ramos M J N, Coito J L, Silva H G, et al, 2014. Flower development and sex specification in wild grapevine. BMC genomics, 15 (1): 1095.

Royo C, Torres-Pérez R, Mauri N, Diestro N, et al, 2018. The major origin of seedless grapes is associated with a 4 missense mutation in the MADS-box gene *VviAGL11*. Plant Physiol, 177 (3): 1234-1253.

Roytchev V, 1998. Inheritance of Grape Seedlessness in Seeded and Seedless Hybrid Combinations of Grape Cultivars with Complex Genealogy. Am J Enol Vitic (49): 302-305.

Sahijram L, Kanamadi V C, 2004. *In ovulo* hybrid embryo culture in controlled grape crosses involving stenospermocarpic parents. Acta Hort (662): 281-288.

Sandhu A S, Jawanda J S, Uppal D K, 1984. Inheritance of seed characters in hybrid populations of intercultivar crosses of grapes (*Vitis vinifera* L.) J Res Punjab Agric Univ (21): 39-44.

Scott K D, Ablett E M, 2000. AFLP markers distinguishing an early mutant of Flame Seedless grape. Eupytica (113): 245-249.

Shen X, Gmitter Jr F G, Grosser J W, 2011. Immature embryo rescue and culture. In Plant Embryo Culture. Humana Press: 75-92.

Singh N V, Singh S K, Singh A K, 2011. Standardization of embryo rescue technique and bio-hardening of grape hybrids (*Vitis vinifera* L.) using Arbuscular mycorrhizal fungi (AMF) under sub-tropical conditions. Vitis (50): 115-118.

Siwach P, Chanana S, Gill A R, et al, 2012. Effects of adenine sulphate, glutamine and casein hydrolysate on *in vitro* shoot multiplication and rooting of Kinnow mandarin (*Citrus reticulata* Blanco) Afr J Biotechnol (11): 15852-15862.

Spiegel-Roy P, Sahar N, Baron J, Lavi U, 1985. *In vitro* culture and plant formation from grape cultivars with abortive ovules and Seeds, J Amer Soc Hort Sci (110): 109-112.

Stajner N, Tomic L, Ivanisevic D, et al, 2014. Microsatellite inferred genetic diversity and structure of Western Balkan grapevines (*Vitis vinifera* L.) Tree Genet Genomes, 10 (1): 127-140.

Stout A B, 1936. Seedlessness in grapes. New York State Agric Expt. Sta.

(Geneva) Tech. Bull: 238.

Stout A B, 1937. Breeding for hardy seedless grapes. Proc Amer Soc Hort Sci (34): 416-420.

Striem M J, Benhayyim G, Spiegel-Roy P, 1994. Developing molecular genetic markers for grape breeding using polymerase chain reaction procedures. Vitis (33): 53-54.

Striem M J, Ben-Hayyim G, Spiegel-Roy P, 1996. Identifying molecular genetic markers associated with seedlessness in grape. J Amer Soc Hort Sci (121): 758-763.

Striem M J, Spiegel-Roy P, Sahar N, 1992. The degree of development of the seed coat and the endosperm as separate subtraits of stenospermocarpic seedlessness in grapes. Vitis (31): 149-155.

Sun J J, Li F, Wang D H. , Liu X F, et al, 2016. CsAP3: A cucumber homolog to Arabidopsis APETALA3 with novel characteristics. Front Plant Sci (7): 1181.

Sun L, Zhang G J, Yan A L, et al, 2011. The study of triploid progenies crossed between different ploidy grapes [J]. Afr J Biotechnol (10): 5967-5971.

Tanaka K, Fukuda M, Amaki Y, et al, 2017. Importance of prumycin produced by Bacillus amyloliquefaciens SD-32 in biocontrol against cucumber powdery mildew disease. Pest Manage Sci, 73 (12): 2419.

Tang D M, Wang Y J, Cai J S, et al, 2009. Effects of exogenous application of plant growth regulators on the development of ovule and subsequent embryo rescue of stenospermic grape (*Vitis vinifera* L. ) Sci Hortic (120): 51-57.

Teh S L, Fresnedo-Ramírez J, Clark M D, et al, 2017. Genetic dissection of powdery mildew resistance in interspecific half-sib grapevine families using SNP-based maps. Mol Breeding, 37 (1): 1.

Theissen G, 2010. A hitchhiker's guide to the MADS world of plants. Genome Biol, 11 (6): 214.

Tian Y, Dong Q, Ji Z, 2015. Genome-wide identification and analysis of the MADS-box gene family in apple. Gene, 555 (2): 277-290.

Tian L L, Wang Y J, Niu L, et al, 2008. Breeding of disease-resistant seedless grapes using Chinese wild *Vitis* spp. I. *In vitro* embryo rescue and plant development. Sci Hortic (117): 136-141.

Tsolova V, 1990. Obtaining plants from crosses of seedless grapevine varieties by means of *in vitro* embryo culture. Vitis (29): 1-4.

Tucker A, Yilmazer-Musa M, Frei B, 2010. *In vitro* Inhibition of Alpha-Amylase and Alpha-Glucosidase by Bioflavonoids. Oregon State Univ Publ (6): 10.

Valdez J G and Ulanovsky S M, 1997. *In vitro* germination of stenospermic seeds from reciprocal crosses (*Vitis vinifera* L.) applying different techniques. Vitis (36): 105-107.

Valdez J G, Andreoni M A, Castro P, Ulanovsky S M, 2000. Variety response to direct germination of stenospermic seeds classified according to the hardness of their seed coats. Acta Hort (528): 659-662.

Valdez J G, 2005. Immature embryo rescue of grapevine (*Vitis vinifera* L.) after an extended period of seed trace culture. Vitis (44): 17-23.

Wada S, Reed B M, 2017. Hop powdery mildew (*Podosphaera macularis*) Spore Cryopreservation. Cryo Lett, 14 (2): 250-256.

Wang J, Gao W, Zhang J, et al, 2011. Production of saponions and polysaccharide in the presence of lactoalbumin hydrolysate in *Panax quinquefolium* L. cells cultures. Plant Growth Regul (63): 217-223.

Wang L, Hu X, Jiao C, et al, 2016. Transcriptome analyses of seed development in grape hybrids reveals a possible mechanism influencing seed size. BMC genomics, 17 (1): 898.

Wen P, Ji W, Gao M, et al, 2015. Accumulation of flavanols and expression postharvest UV-C irradiation in grape berry. Genet Mol Res (50): 110-120.

Wu J H. 2012. Manipulation of ploidy for kiwifruit breeding and the study of actinidia genomics. Acta Hortic (961): 539.

Xu HG, Liu GJ, Liu GT, et al, 2014. Comparison of investigation methods of heat injury in grapevine (*Vitis*) and assessment to heat tolerance in different cultivars and species. BMC Plant Biol, 14 (1): 1-10.

Xu H, Cao Y, Xu Y, et al, 2017. Marker-Assisted development and evaluation of near-isogenic lines for broad-spectrum powdery mildew resistance gene Pm2b introgressed into different genetic backgrounds of wheat. Front Plant Sci (8): 1322.

Yamane H, 1997. Studies on the breeding in grapes with reference to large berry and seedlessness. [Ph. D thesis]. Japan: Kyoto University: 22.

Yamashita H, Horiuchi S, Taira T, 1993. Development of seeds and the growth of triploid seedlings obtained from reciprocal crosses between diploids and triploid grapes. J Jap Soc Hortic Sci (62): 249-255.

Yamashita H, Shigehara I, Haniuda T, 1998. Production of triploid grapes by *in ovulo* embryo culture. Vitis (37): 113-117.

Yang D, Huang Z, Jin W, et al, 2018. DNA methylation: A new regulator of phenolic acids biosynthesis in Salvia miltiorrhiza. Ind Crop Prod (124): 402-411.

Zeng X R, Liu H L, Du H Y, et al, 2018. Soybean MADS-box gene *GmA-GL1* promotes flowering via the photoperiod pathway. BMC Genomics, 19 (1): 51.

Zhang J, Zhang Y, Yu H, Wang Y, 2014. Evaluation of powdery mildew resistance of grape germplasm and rapid amplified polymorphic DNA markers associated with the resistant trait in Chinese wild *Vitis*. Genet. Genet Mol Res, 13 (2): 3599-3614.

Zhang J L, Ma J F, Cao Z Y, 2009. Screening of cold-resistant seedlings of a Chinese wild grape (*Vitispiasezkii* Maxim var. *pagnucii*) native to loess plateau of eastern Gansu province, China, as rootstocks. Sci Hortic (122): 125-128.

Zhang S, Ding F, He X, et al, 2015. Characterization of the 'Xiangshui' lemon transcriptome by de novo assembly to discover genes associated with self-incompatibility. Mol Genet Genomics, 290 (1): 365-375.

Zhang S, Shi Q, Albrecht U, et al, 2017. Comparative transcriptome analysis during early fruit development between three seedy citrus genotypes and their seedless mutants. Hortic Res (4): 17041.

Zhao Y H, Cheng H H, Wu Y Q, et al, 2011. Germplas development of triploid grapevine and rapid identification of chromosomes ploidy. Acta Hortic Sinica (6): 21.

# 附　表

## 附表　试验所用几种培养基组分和用量

| 组分（mg/L） | WPM | MS | ER | MM4 |
|---|---|---|---|---|
| $Ca(NO_3)_2 \cdot 4H_2O$ | 556.0 | / | 600.0 | 235.0 |
| $CaCl_2 \cdot 2H_2O$ | 96.0 | 440.0 | / | / |
| $NH_4NO_3$ | 400.0 | 1 650.0 | 360.0 | 300.0 |
| $KNO_3$ | / | 1 900.0 | 160.0 | 660.0 |
| $KCl$ | / | / | 65.0 | 75.0 |
| $KI$ | / | 0.83 | / | / |
| $KH_2PO_4$ | 170.0 | 68 | / | / |
| $K_2SO_4$ | 990.0 | / | / | / |
| $NaMoO_4 \cdot 2H_2O$ | 0.25 | / | / | / |
| $MgSO_4 \cdot 7H_2O$ | 758.5 | 370 | 750.0 | 1 250.0 |
| $Na_2SO_4$ | / | / | 200.0 | 200.0 |
| $NaH_2PO_4 \cdot H_2O$ | / | 170.0 | 19.0 | 760.0 |
| $MnSO_4 \cdot H_2O$ | 16.9 | 16.9 | 3.0 | 3.0 |
| $H_3BO_3$ | 6.2 | 6.2 | 0.5 | 0.5 |
| $ZnSO_4 \cdot 7H_2O$ | 8.6 | 8.6 | 0.5 | 0.5 |

（续）

| 组分（mg/L） | WPM | MS | ER | MM4 |
|---|---|---|---|---|
| $CoCl_2 \cdot 6H_2O$ | / | 0.025 | 0.025 | 0.025 |
| $CuSO_4 \cdot 5H_2O$ | 0.25 | 0.025 | 0.025 | 0.025 |
| $NaMoO_4 \cdot 2H_2O$ | / | 0.25 | 0.025 | 0.025 |
| Myo-Inositol | 100.0 | 100.0 | 50.0 | 50.0 |
| Nicotinic acid | 0.5 | 0.5 | / | / |
| VB1 | 1.0 | 0.4 | 0.25 | 0.25 |
| VB6 | 0.5 | 0.5 | 0.25 | 0.25 |
| Glycine | 2.0 | / | 3.0 | 3.0 |
| Cysteine | / | / | 1 211.6 | 1 211.6 |
| Ca · Panthothenate | / | / | 0.25 | 0.25 |
| CH | / | / | 50.0 | 50.0 |
| $FeSO_4 \cdot 7H_2O$ | 27.8 | 27.8 | / | / |
| $Na_2 \cdot EDTA$ | 37.3 | 37.3 | / | / |
| Iron Citrate | / | / | 10.0 | 10.0 |
| AC | / | / | 3 000.0 | 3 000.0 |

# 缩略词表

## Abbreviations

| 英文缩写 | 英文全称 | 中文名称 |
|---|---|---|
| ABA | abscisic acid | 脱落酸 |
| AFLP | Amplified fragment length polymorphism | 扩增片段长度多态性 |
| B5 | Gamborg（1968）培养基 | B5 培养基 |
| BA | 6-benzyladenine | 6-苄基腺嘌呤 |
| BD | Bouquet and Davis（1989）medium | BD 培养基 |
| BSA | bulked segregant analysis | 集群分离分析 |
| CAPs | Cleaved amplified polymorphismic sequence | 扩增产物切割多态性标记 |
| CCC | chlormequat | 矮壮素 |
| CEPA | ethephon | 乙烯利 |
| ch-Cpn 21 | ch-Cpn 21 | 叶绿体伴侣蛋白基因 21 |
| CH | casein hydrolysate | 水解酪蛋白 |
| DAF | days after flowering | 盛花后天数 |
| EBN | Endosperm Balance Number | 胚乳平衡数量假说 |
| ER | Emershad and Ramming（1994）medium | ER 培养基 |
| GA$_3$ | gibberellic Acid | 赤霉酸 |
| GSLP1 | grape seedless plobe 1 | 葡萄无核探针 1 号 |
| IAA | indole-3-acetic acid | 吲哚乙酸 |

（续）

| 英文缩写 | 英文全称 | 中文名称 |
| --- | --- | --- |
| IBA | indole-3-butyric acid | 吲哚丁酸 |
| LH | lactoalbumin hydrolysate | 水解乳蛋白 |
| MAS | marker-assisted selection | 标记辅助选择 |
| MM4 | MM4medium（according to patent，200 610 043 024. 0，P. R. China） | MM4 培养基（专利号：200 610 043 024. 0） |
| MS | Murashige and Skoog（1962）medium | MS 培养基 |
| Nitsch | Nitsch（1962）medium | Nitsch 培养基 |
| NILs | near isogenic lines | 近等基因系法 |
| NN | Nitsch JP and Nitsch C（1969）medium | NN-69 培养基 |
| PCR | polymerase chain reaction | 聚合酶链式反应 |
| PCA | Principal component analysis | 主成分分析 |
| PGRs | plant growth regulators | 植物生长调节剂 |
| Put | putrescine | 腐胺 |
| RAPD | random amplified polymophic DNA | 随机扩增 DNA 多态性 |
| RFLP | restriction fragment length polymorphism | DNA 限制性片段长度多态性 |
| RGA | Resistance gene analogs | 抗病基因类似物标记 |
| SCAR | sequence characterized amplified region | 序列特异性扩增区域 |
| SD | Standard Deviation | 标准差 |
| SE | Standard Error | 标准误 |
| SH | SH（1984）medium | SH 培养基 |
| White | White（1982）medium | White 培养基 |

# 彩　图

**彩图 1　国家种质资源太谷葡萄圃**
（位于山西省晋中市太谷县，北纬 37°23'，东经 112°32'）

**彩图 2　课题组人员葡萄花粉采集和大田杂交工作照**

**彩图 3　葡萄常规大田杂交流程**

a. 采集野生抗性葡萄花粉　b. 花粉生活力测定（FDA 染色法、离体培养法、TTC 染色法）
c. 人工去雄　d. 授粉时机观测（柱头出现水珠）　e. 人工授粉　f. 杂交果穗套袋标记。标尺为 500 μm。

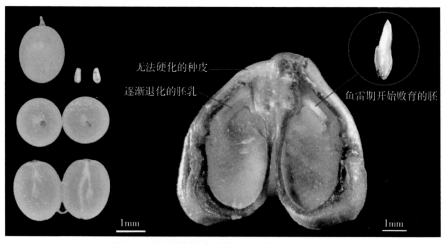

无法硬化的种皮

逐渐退化的胚乳

鱼雷期开始败育的胚

1mm

1mm

**彩图 4　假单性结实型葡萄"种痕"剖面观**

早黑宝 × SP115　　　无核翠宝 × 山河 1 号　　　早黑宝 × 丽红宝

早黑宝 × 火州红玉　　　丽红宝 × 山河 1 号　　　晶红宝 × 河津野生

彩图 5　不同葡萄杂交组合胚挽救采样期表型

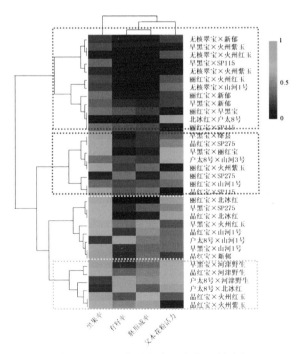

彩图 6　不同葡萄杂交组合亲和性分析

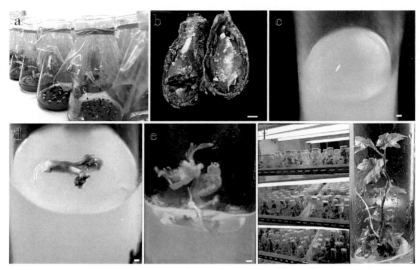

**彩图 7　无核葡萄杂种后代胚挽救流程**

　　a. 胚珠离体培养　b. 胚珠内培养 9 周后，显微解剖获得鱼雷形胚　c. 胚萌发培养 7 天，初始萌动　d. 胚萌发培养 13 天，下胚轴形成幼根，上胚轴分化出子叶　e. 胚萌发培养 26 天，幼根伸长，子叶伸展　f. 生根培养 2 周，发育成完整植株。标尺为 1 mm。

**彩图 8　无核葡萄胚挽救杂种后代炼苗与移栽**

　　a. 无核葡萄胚挽救杂种苗　b. 揭开三角瓶封口膜　c. 组培苗移栽至基质中　d. 去除透明塑料杯　e. 移栽进行大田自然再筛选

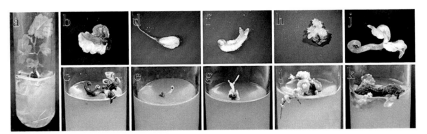

彩图9 无核葡萄胚挽救畸形苗形态

a.正常苗 b、c.子叶褶皱卷曲 d、e.有根无叶 f.无根无叶 g.根叶倒置 h、i、k.愈伤组织畸形 j.白化苗

彩图10 无核葡萄胚挽救子叶褶皱卷曲畸形苗的发育动态

a.接种7天，胚初始萌动 b.接种24天，上胚轴发育成卷曲的子叶，下胚轴形成幼根 c.接种40天，上下胚轴均进一步伸长 d.接种48天，长出真叶。标尺为1 mm。

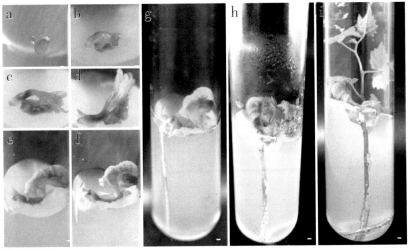

彩图11 无核葡萄胚挽救单子叶畸形苗的发育动态

a.接种7天，初始萌动 b.接种9天，胚轴伸长，萌出单片子叶 c.接种11天，胚轴伸长 d.接种13天，子叶展开 e.转接至转化培养基 f.接种19天，下胚轴形成幼根 g.接种26天，幼根快速伸长 h.接种35天，长出真叶 i.接种52天，成苗。标尺为1 mm。

**彩图 12　野生葡萄和不同倍性杂交葡萄种子的层积沙藏**

　　a. 不同葡萄种子的形态　　b. 在瓦盆底部垫碎瓦片　　c. 混匀沙土（河沙：园土 =1:1）
d、f. 将标记好的种子装入网袋，放在瓦盆中层　g. 将瓦盆置于 80 cm 深度的土坑　i. 瓦盆
覆砖，掩埋。标尺为 1 cm。

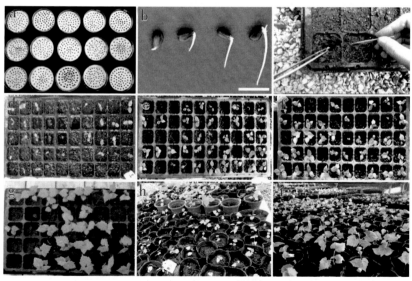

**彩图 13　野生葡萄和不同倍性杂交葡萄种子的催芽与播种**

　　a. 不同葡萄种子催芽　　b. 种子露白生根动态　　c. 穴盘播种　　d、e、f、g. 分别为播种后 5 天、
15 天、25 天、30 天的葡萄实生苗　h. 移栽至营养钵 10 天，置于玻璃温室内锻炼　i. 移栽
至营养钵 20 天，长出 5~7 片真叶

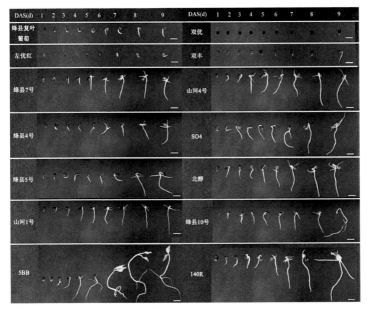

**彩图 14　野生葡萄和不同倍性杂交葡萄种子的萌发动态**
"DAS"表示催芽后天数。标尺为 1 cm。

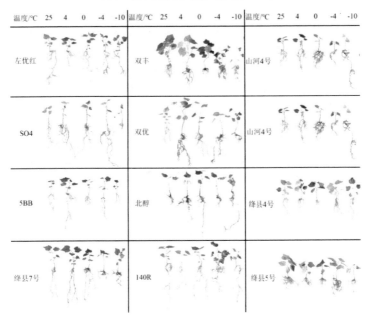

**彩图 15　不同低温处理对野生葡萄试管微嫁接砧木**
**实生苗表型的影响（标尺为 5 cm）**

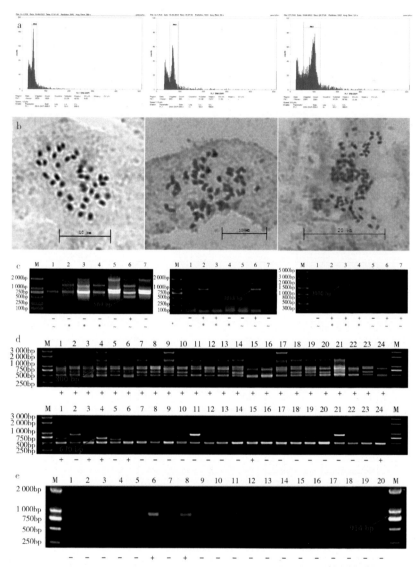

**彩图 16　葡萄胚挽救 F1 代幼苗目标性状早期鉴定（无核性、抗性）**

无核性状苗期辅助筛选：a. 流式细胞术鉴定倍性　b. 根尖压片法鉴定倍性 c. 分子标记 GSPL1-569、SCC8-1018 和 SCF27-2000 辅助筛选无核性状；抗性苗期辅 助筛选　d. 分子标记 S238-800 和 S241-670 辅助筛选抗寒性状　e. 分子标记 SCO11- 914 辅助筛选抗白粉病性状